浙江省社科联社科普及课题成果

本书的出版获得浙江树人大学资助支持

茗鉴清谈

茶叶审评与品鉴

张琳洁 著

ZHEJIANG UNIVERSITY PRESS
浙江大学出版社

图书在版编目(CIP)数据

茗鉴清谈：茶叶审评与品鉴 / 张琳洁著. — 杭州：浙江大学出版社，2017.7（2024.7重印）
ISBN 978-7-308-17000-0

Ⅰ．①茗… Ⅱ．①张… Ⅲ．①茶文化－中国 Ⅳ．①TS971.21

中国版本图书馆CIP数据核字(2017)第132317号

茗鉴清谈——茶叶审评与品鉴

张琳洁　著

责任编辑	王元新	
责任校对	杨利军　舒莎珊	
封面设计	应　应	
出版发行	浙江大学出版社	
	（杭州市天目山路148号　　邮政编码　310007）	
	（网址：http://www.zjupress.com）	
排　　版	杭州林智广告有限公司	
印　　刷	浙江海虹彩色印务有限公司	
开　　本	710mm×1000mm　1/16	
印　　张	15.75	
字　　数	272千	
版 印 次	2017年7月第1版　2024年7月第9次印刷	
书　　号	ISBN 978-7-308-17000-0	
定　　价	58.00元	

序 一

　　《茗鉴清谈》有审评鉴定茶叶品质，同时品饮欣赏茶色香味形之寓意。书中介绍了茶叶感官审评的科学理论知识，设计了不同茶类感官审评的实验及方法，加入了访山问茶、研学读茶的感受与体会，包含了茶叶科学和茶叶文化，文理结合，通俗易懂，是一本有助于茶叶爱好者学习鉴茶、品茶的参考读物。

　　中国是茶叶的故乡，从古到今积淀的茶文化博大精深、底蕴深厚。茶有物质的属性，即柴米油盐酱醋茶的茶；茶也有精神的属性，即琴棋书画诗酒茶的茶。当茶付诸物质属性时，我们就要客观地评价其品质特征，用统一的、标准的审评方法，在标准体系框架指导下，用人的感觉与感知科学地分析茶的物理性质、化学性质，色香味形及相互间的关联，精确地确定其品质风格与品质水平。当茶付诸精神属性时，茶就不仅仅是茶，兼有器具、水、环境、泡茶人的技艺等多种元素，还有品茶人的心境，可以清谈，无须判定。

　　《茗鉴清谈》以科学品鉴为主线，系统地论述了绿茶、红茶、乌龙茶、白茶、黄茶、黑茶六大茶类的品质特征，以及品种、环境、加工工艺对茶类品质的影响和审评方法。以清谈为点缀，讲述了茶的历史文化、逸闻趣事、风土人情、生态特色、科学品饮等方方面面。《茗鉴清谈》文笔生动、图文并茂、理论联系实际、经验总结不乏理论探索，字里行间渗透着作者多年的事茶经验与思考。

　　《茗鉴清谈》作者张琳洁女士是浙江树人大学的教师，2004年毕业于浙江大学茶学系，一直从事茶叶加工、茶叶审评、泡茶技艺、茶艺茶道等的研读与教学。此书也是她多年从教实践、体会、经验的总结，是茶科学、茶文化结合的一种有益探索。

　　读《茗鉴清谈》，从中可以获益不少。

龚淑英

2017年2月10日

序 二

茶文化从评茶开始

一切优秀物质生活文化的根基，总离不开"情"与"理"。如茶、酒、花、琴、诗、画，或者咖啡、巧克力，甚至是吸烟、美食等，都通过物质表面丰富的呈现，带出深刻的内容，带给我们生活或精神的美好享受。但并不一定在于它悠久的历史或其实用价值。

比如空气，我们生存必须依赖呼吸空气，但我们没有什么空气文化。又比如石头，它亘古的存在，组成我们的星球。我们有"地质学"的研究，但我们不会说这是石文化。但是，如果我们赋予石头另一种意义，如取其长久不变的特征，寓意"石寿千年"；或者欣赏其奇形怪状、变化万千的材质，养心怡情。所以我们有石艺，供文人雅玩清供。例如，宋代大书法家米芾拜石，成为古今美谈。又或者利用天然石头堆砌成景，作为园林艺术的重要构成。雅石成为文人雅士的一种象征，投射了独有的一种文化美学。所以一切物质文化必须具备在物质之上，透视出一种特性，建立起精神层面的欣赏价值，从而体现一个民族的精髓。

茶亦如此。中国人使用茶的历史悠久，至少在汉代初期国人已普遍饮用，并对其保健作用有一定认知。但这还是停留在物质文明史或生活史的范畴，真正茶文化的发展应该是魏晋时期，其中有一篇重要的文献是西晋杜育的《荈赋》："……承丰壤之滋润，受甘霖之霄降……惟兹初成，沫成华浮；焕如积雪，晔若春敷。"通过文字的美，把茶提升至另一个高度。晋代崇尚奢华，但有识之仕如陆纳、桓温等却以茶作为廉俭的象征，又把茶赋予我们民族的伦理美德，所以陆羽《茶经》开宗明义地说："茶之为用，味至寒，为饮，最宜精行俭德之人……"直接把茶作为修身养性的一种指引，奠定构成我们民族文化的重要成分。

这些精神层面的提升，必须建立在两个基础上：一是这种物质或活动呈现的丰富性和差异性；二是对这种丰富性和差异性的鉴评。所以陆羽《茶经》之所以成为不朽的著作，奠定茶文化宏实的基础，就是在这两方面作了经典性的阐释。《茶经》共十卷，其中最为核心的是茶之造、茶之煮、茶之饮和茶之出。用现在术语来说即是：制茶工艺、泡茶方法、茗饮品鉴和产区评比。在每一个环节，陆羽都不厌

1

其详、具体而微地把各项因子的好坏高低正舛,一一罗列;这些评鉴不但促进了茶的品饮乐趣和价值,引导市场的流动和经济的利益,同时也提升质量的改善和指引发展的方向,有利于生活的享受和精神内涵的发掘。所以,茶叶品评是茶文化的最根本基础。

张琳洁是我在茶界中认识的一位孜孜不倦、不断探索的学者与老师。她美丽的面容、娇柔的体格,会让人误会她是一位现今泛滥的"茶仙子"。其实,她有一颗强大的推广茶文化的心和热爱茶的情愫,这几年她在大学里培训了不少学以致用的评茶课学生。她还趁课余时间,跑访各地的茶山,向茶农学习第一手的实践心得和非文字的文化记录,可以说是身体力行的茶圣追随者。踏着千百年来爱茶者的足迹,传承了茶文化的发展,她将一点一滴积累的心得,缀录成书,是一件十分嘉喜的事。

她把多年经验,编写成一本极具参考性的教材,架构犹如陆羽《茶经》的宏阔,把茶之做、茶之出、茶之煮和茶之饮通通罗列。读者可以作为用茶时评茶的参考资料,了解滋味香气背后制茶工艺的关键科学。为了纠正泡茶品饮的因子,本书设计了极有趣味性的茶的探索实验。而我特别好奇的是,她还加插了如散文诗般的感性品茶小记,让读者增加欣赏茶的玄美,同时也让我进一步了解一位真正的"茶仙子"爱茶的内心世界。

现今喝茶的风气十分蓬勃,真有宋代大观之尚,但积非成是、颠黑倒白的论调也多,主要原因也就是忽视了评茶的科学性,存在道听途说、穿凿附会、射利忽悠的思维。21世纪将是茶的风行时代,但如果我们不实事求是,恐怕会和二百年前一样,被挤出历史的列车!所以,当我知道琳洁这本书的完成,并请我写序,我深感荣幸及欣庆,续貂之作,以表对琳洁祝贺,并盼各读者能有所得益,共创茶文化的新纪元!

叶荣枝

2017年2月10日

序 三

　　九年同事张琳洁女士嘱为其新作作序。一位大姑娘已经俨然成长为优秀的研究者。只是，我的学科背景是历史学，是书的学科背景是农学，严重"跨界"了，自己深感茶文化研究深受"跨界"干扰，不得不推辞。但是，对她，我有话想说，最终还是欣然应允了。

　　茶叶本身就是文化的产物。不同的文化背景孕育了不同的茶树利用法，云南一些少数民族和泰国、越南、缅甸的一些民族"吃"茶，而生活在四川的先民开发了饮用的茶。四川发达的神仙思想及其物质基础的"药"的加工技术应用在茶树上，饮用的茶叶就应运而生了。

　　嗜好品拥有药物背景司空见惯。何况，本草本来就把药物分为上、中、下三品，下品药物用于治病，和我们今天的药物概念比较接近，而上品药物主养命，而且多服、久服不伤人。用今天的概念，上品药物就是健康食品。所以茶叶从利用之初，就是嗜好饮料。既然是嗜好饮料，就要沿着嗜好的方向发展，因此作为中国文化组成部分的茶叶也和其他文化项目一样，充满了变化，丰富得令人难以捉摸把握。就今天来看，茶叶在热爱生活的中国人手里，发展成六大基本茶类。说不清是茶遇到了中国人幸运，还是中国人遇到了茶幸运，总之，中国人打造了茶叶丰富多彩的世界，让任何体质特征的人都能在这个世界里流连忘返。

　　可是，在大众文化主导的今天，在幕后默默支持中国人乃至世界人民身心健康的茶叶，经过两千多年的发展历程走上了前台，成了主角。躁动的市场需要用简单扼要的一句话总结中国茶文化特征，虽说就是一句短平快的广告词，但是也要求整体把握、深刻认识茶文化。这可难坏了茶文化界，因为茶叶自古以来在中国社会就是无所不在的存在，提到和尚就不得不提道士，讲到贵族又不能对庶民置若罔闻。于是，以成功总结宣传的日本茶道为模板，从浩瀚的中国文字的海洋里搜肠刮肚地网罗高大上的文字为茶文化化妆，可是让人一眼望去就知道是"假洋鬼子"。问题出在哪里？

中国茶文化的精髓何在？就在茶上。哪个民族有这么丰富的茶？哪个民族有这么好喝的茶？哪个民族有这么健康的嗜好饮料？快乐健康是中国茶文化的根本。中国茶属于全民。你是佛教信仰者，你的茶里就会有禅意；你是政治家，你的茶里就会有社会责任。是你赋予茶以文化，不是喝了茶你就会有文化。即便目不识丁，也同样赋予茶以平实的文化特征，这其实是茶的根本。当然，能赋予茶正面的意义，也就能玷污茶。如果不想连累茶，就让我们努力学习，提高自己的素养吧。不管是谁，都能从茶中得到健康快乐。至于说能得到多少，决定性的条件是饮用者自身的素质，再一个技术性的要因就是对于茶的理解程度。这本书就是培养理解茶的能力。张琳洁女士聪颖敏锐，脚踏实地，相信这部书能够为解决这个技术问题提供帮助，让更多的人更加愉快地在茶的世界里徜徉，得到健康，实现茶文化的社会意义。

关剑平

2017年2月10日

目录

第六章　黄茶的审评与品鉴——茶中隐者

第七章　黑茶的审评与品鉴——转化的力量

第八章　普洱茶的审评与品鉴——时光的味道

第九章　再加工茶的审评与品鉴

第一章

茶叶审评
的基础知识

茶叶感官审评器具示意图

　　中国是茶叶的故乡，茶叶的发现、利用已有数千年的历史。当前，茶叶被越来越多的人所喜爱，不仅因为茶叶中含有多种对人体有益的成分，也由于饮茶时初苦涩而后回甘的良好感受，同时也因为饮茶过程中能够形成良好的氛围，茶成为人与人之间沟通的纽带。

　　我国地域广阔，不同地区出产的茶叶千差万别，不同的茶类之间品质差异很大，与之相应的品饮方法也不同。要想准确衡量一款茶的品质，进行茶叶的感官审评是必要的环节。虽然目前茶叶的理化成分分析已经有了长足的发展，用电子仪器代替人的某种感觉器官也在研究发展中，但是茶叶毕竟是人们品饮的日常饮料，人的感官体验非常重要。而且和仪器相比，人的感官具有全面、快速和高效的优点。掌握茶叶感官审评的技能对于茶叶贸易、研发新产品和为现实生活提供参考等都有着重要的意义，同时只有通过审评，正确评价茶叶品质，才有可能更好地冲泡一杯茶。

茶叶审评的概念和作用

茶叶感官审评的概念

茶叶感官审评（sensory evaluation of tea）：经过训练的评茶人员，使用规范的审评设备，在特定的操作过程中，根据自身视觉、嗅觉、味觉和触觉的感受，结合工作经验，对茶叶的品质进行分析评价。

本书首先探讨这个问题并不是要求普通消费者在喝茶前都经过专业设备的检验和通过特定器具在特定条件下来试验喝茶，而是旨在告诉大家，茶叶的品质可以从多个方面、经过一系列手段获得检验和评价，而这样的评价，能够帮助我们理解茶叶的特点，在喝茶时不仅能顺应茶性，而且甚至能驾驭茶性。

感官审评生理学基础：茶叶品质是依靠人的嗅觉、味觉、视觉和触觉等感觉来评定的。通过视觉辨别干茶的颜色、光泽度，茶汤的颜色和透明度，叶底（茶渣）的颜色和光亮度；通过嗅觉分辨茶叶的香气的类型、香气的高低和持久度；通过味觉判断茶汤滋味的浓淡、醇涩、厚薄特征；通过触觉感受干茶的紧实度，叶底的老嫩、软硬和厚薄。一切感觉都必须有能量或物质刺激，然后产生生物物理或生物化学变化，再转化为神经所能接受和传递的信号，最后在大脑综合分析，产生感觉。这种在大脑中引发的综合的印象就是食品的风味。

感觉的灵敏性因人而异，受先天和后天因素的影响。随着年龄的变老，多数人的感官灵敏性会明显下降。而在一段时间内经过训练和不断强化，人的某些感觉也能够变得更加敏感。在我们现实的茶叶审评教学和研究中，感官正常的学生经过一段时间的强化和训练后，对于同一茶类中不同产地、不同种类的细微差别也能够分辨出来。感官是具有记忆能力的，尤其是对于气味和滋味的感受。而在身体健康状况不佳或者感官因疾病受到损伤时，对于茶叶的风味特征就会感觉迟钝。因此，作为专业的茶叶审评从业者也罢，自己喝茶的普通爱好者也罢，保持感官的灵敏度是帮助自己准确判断茶叶品质的基础。

茶叶感官审评能够发挥的作用

茶叶感官审评在茶叶加工、贸易、销售以及消费的领域都能够发挥巨大的指导作用，下面简要介绍。

对加工工艺的指导作用：茶叶加工过程中每一个环节都需要实时反馈和扭偏，掌握了评茶技能的品质控制技师能够迅速地对加工进度做出判断，并根据实际情况安排下一环节的工艺参数。在研发茶叶新产品时，茶叶感官审评也同样发挥作用，根据消费者的口味需求设计工艺流程。当成品完成时，茶叶感官审评的过程又能够对产品品质做出评价，以求完善工艺，逐步提高产品质量。

对贸易的辅助支撑作用：在大宗茶叶商品的贸易中，通常生产厂家会根据采购方提出的要求进行生产，采购方的要求既要以书面的形式诉诸文字，也需要提供实物依据。生产厂家在茶叶加工时也要参照贸易标准样来进行。完成交易时，双方都需要对照标准样进行成品验收，茶叶感官审评对于贸易的顺利进行起到了辅助的支撑作用。

对消费的引导作用：由于茶叶感官审评能够帮助人们对茶叶的品质有相对客观的了解，在消费环节中，掌握了茶叶感官审评技能的泡茶者不仅容易找到适合自己口味的茶品，也容易对泡茶的流程有合理的初步设计。在通过茶叶感官审评评价茶叶之后，冲泡和饮用的过程中对茶叶的特征扬长避短，是泡茶者需要具备的一项技能。茶叶评得越准，泡茶时越容易发挥茶叶的优秀特征。

现行的茶叶感官审评方法

审评场所的环境要求

对于在审评实验室内评茶首先要求的是审评的环境，在生活中，评价一个茶的好坏很可能做不到如科学实验般严格，但是科学实验背后蕴含的原理对于我们仍具有指导意义。因此我们愿意在此把实验室中评茶的一些要求陈述出来，供读者参考。

光线：评茶室内要求光线柔和、明亮，在北半球地区最好是朝北的落地窗前。因为北半球地区，朝北的窗前一天中光线的变化要小于朝南的窗户。光线柔和、明亮便于人们辨别茶叶色泽上细微的差别，尤其是干茶的鲜润程度、茶汤的明亮程度这些项目都需要在较好的光线下才能有准确的判断。如果自然光线不够的话，可以用日光灯补光。对于看干茶的审评台，光线要求达到1000lux[1]。对于湿评内质的审评台要求达到700lux。

温度：评茶室应有通风和温控设施，评茶室应保持干燥、整洁。在现实生活中，我们不妨理解为在评茶和品茶的场合，最好能保证清新的空气，周围通风良好，没有不良气味干扰，环境干净、整洁。室内温度如有条件应保持恒温，在20℃±5℃，过冷或过热都影响评茶人感官的准确性。

湿度：室内相对湿度尽量保持在70%±5%，湿度过大有可能会影响茶样的品质。

干扰因素：噪音，评茶室内不得喧哗，并严禁与办公室混用；评茶室的空气要求保持流畅、新鲜；室内颜色最好以白色或浅色为主，切忌大量色彩，容易干扰评茶者的注意力。

操作台：在审评的实验室中常规会设立干评台，高度在90～100cm，宽50～60cm；台面漆成黑色；台下设置样茶柜用以放置评茶器具；和西式厨房的岛形操作台有点类似。在干评台进行的操作主要是审评干茶的形态与色泽，称取茶叶和进行文字记录。

---

[1] 勒克斯（lux，法定符号lx），照度单位，1勒克斯等于1流明（lumen，lm）的光通量均匀分布于1平方米面积上的光照度。1lux大约等于1支标准烛光在1米距离的照度。

与干评台平行放置的还有湿评台，用以审评内质，包括审评茶叶的香气、汤色、滋味和叶底。一般湿评台长140cm，宽36cm，高88cm，台面有高5cm的镶边防止水随意流出，台面一角应留一缺口，以利台面茶水流出和清扫台面，全刷白漆。在现实生活中或者某些条件不具备的场合，也会把干看茶叶和湿评内质放在一张桌子上，但干湿分开会最大限度地避免干茶沾水和保障评茶按照程序进行。

茶叶审评源于品饮，在长期运用中逐渐获得规范，使用的器具也随之发展，最后形成了当前应用的各种评茶器具。统一规格的评茶器具，是获得客观审评结果的先决条件。

茶叶审评常用设备

审评盘：又叫样盘，用于审评茶叶外形。正方形白色木质或无味塑料质地，长宽高的规格是23cm×23cm×3cm，左上方开一缺口。审评盘用于盛放一定量的茶叶，在进行摇盘程序（干评外形的一个必要环节，在下文中有介绍）后观察茶叶的形状、颜色、光泽、润度、芽叶含量、茸毛[1]多少，以及茶叶的整碎度、茶叶的净度（是否带有非茶类的夹杂物和茶类的夹杂物）。有经验的评茶师在摇盘的过程中，通过手部的感受和听茶叶晃动时发出的声音也能对茶叶的紧实程度做出判断。

通用型审评杯碗：这是在全球范围内使用最广泛的评茶器具。可用于红茶、绿茶、白茶、黄茶、乌龙茶和部分再加工茶的审评。ISO标准对这类评茶器具中关键的评茶杯、碗规格进行了确定。

审评杯：用来泡茶和审评茶叶香气。白瓷杯，容量150mL，杯缘的小缺口为锯齿形，方便滤茶渣。带有同样质地的盖子，盖上有小孔便于通气。杯子是侧柄设计，杯柄的大小能够容纳两个手指。使用时将食指和中指扣住杯柄，拇指按住盖钮，从杯缘的缺口沥出茶汤。国际标准审评杯的规格是：高65mm、内径62mm、外径66mm，杯盖上面外径为72mm，下面内径为61mm。

审评红、绿毛茶时用的毛茶审评杯与精制茶不同。审评杯容量为250mL，杯沿小缺口为弧形。

审评碗：特制广口白色瓷碗，用来审评汤色和滋味。碗呈圆柱形，上大下小，

---

[1] 茸毛：需要具体品种具体分析，不同品种之间不具有可比性，但品种相同的情况下，通常嫩度越高，茸毛的含量越多。

碗高55mm，上口内径90mm，下底内径60mm，容量能够达到250mL。

条件不允许的情况下，至少要保证茶叶在相同的冲泡器皿中，以同样的茶水比和同样的冲泡时间以及相同的操作人来进行比对，这样能够保证外部条件的一致性。操作人固定则意味着减少人为操作造成的误差。通用型审评杯碗完全使用纯白瓷也是为了更好地判断茶汤的颜色和方便清洁。

钟形盖碗：我国部分乌龙茶产区在生产实践和审评实验中也使用审评盖碗作为主要审评器皿，尤其以福建省居多。这种钟形审评盖碗容量为110mL，细白瓷材质。配套的审评碗也比通用型的审评碗要小，高度是52mm，上大下小，上口外径95mm，下底内径40mm，容量150mL。乌龙茶审评的特殊性之一就是多次冲泡，每道茶的茶汤颜色、香气和滋味都要进行比对，在准备器具时，一个审评盖碗配套三个乌龙茶审评碗是必要的。

叶底盘：正方形木质叶底盘，边长10cm，高2cm，黑色，此外配置长方形白色搪瓷盘。黑色木质叶底盘用于观察精制茶的叶底，白色搪瓷盘多用于观察芽叶完整的茶类。而脱离开国家标准就实际生活而言，笔者认为，黑色的木盘对于判断叶底的色泽效果不够理想，白色的搪瓷盘不仅便于观察颜色，而且在需要用清水漂起叶底进行观察的场合也更适用，同时较容易清洁干净，在市场上更容易购买。在条件不具备的情况下，把冲泡后的茶渣放在白瓷的杯盖中或者白瓷的双层茶盘上也可以检验叶底。

天平：精确度0.1g，实验室多用托盘天平，实验前要检查天平是否平衡。因为称量的茶叶量也就在3～5g的水平，日常生活中，也可以选择袖珍型的电子天平，在旅行或者外出茶友间品茗的场合携带都很方便。

计时器：审评实验中多使用沙漏，也有使用带有闹钟功能的计时器，或者用手表或时钟确定时间，保证审评结果的准确性，精度精确到秒。多个茶样进行比对实验时，能够计量多个时间的计时器就显得更有必要。

吐茶桶：吐茶桶用于盛放废弃的茶汤和茶渣。因为评茶尤其是湿评内质其实是在比较大的茶汤浓度状态下分辨茶的优缺点，品尝滋味时要把茶汤在口腔中尽量回旋，让味蕾充分接触茶汤。咽下较高浓度的茶汤对于胃的刺激较强，建议茶汤在口中尝过后吐出。

烧水壶：审评茶叶时经常有多个茶叶进行比对的情况，而且有部分茶需要多次冲泡。烧水壶的选择不仅要考虑烧开水的速度，也要根据冲泡茶的杯数考虑好烧水壶的容量。同时，由于审评实验要求的是100℃的水温，保证每一道冲泡都能得到沸腾的开水也是不可或缺的环节。

网匙：沥汤的过程中难免会有茶渣掉入审评碗，如不捞出则会加深茶汤的颜色和增加茶汤的浓度，应选择无味细目不锈钢网匙捞净茶渣。

我国现行的评茶方法

我国在2009年通过并执行的国家标准GB/T 23776—2009是针对茶叶感官审评所设定的专项标准，对于基础的六大茶类以及再加工茶的审评都列出了详细的方法。现就现实常用的评茶方法进行择要描述。

感官审评分为干茶审评和开汤审评，俗称干看和湿看，即干评和湿评。一般感官审评品质的结果以湿评内质为主，即评价茶叶的汤色、香气、滋味和叶底，但因产销要求不同，也有以干评外形为主作为审评结果的。而且同类茶的外形内质不平衡、不一致是常有的现象，如有的内质好、外形不好，或者外形好、色香味未必全好，所以，审评茶叶品质应外形内质兼评。

扦样和分样是感官审评的第一道程序，或可视为正式审评开始前的预处理。

贯穿整个扦样、分样操作过程最关键的，就是样品的代表性。

茶叶扦样国家标准（GB/T 8302—2009）中，对取样工具、取样、分样数量和方法等进行了相应的规定。

从不同堆放位置随机抽取规定件数，逐件开启；从各件内不同位置处，取出2～3盒（听、袋）；所取样品保留数盒（听、袋），盛于密闭的容器中，供进行单个检验。

其余部分现场拆封，倒出茶叶混匀，再用分样器或四分法逐步缩分至500～1000g，作为平均样品。砖茶、饼茶取样时，随机抽取规定的件数，逐件开启，再从各件内不同位置处，取出1～2个（块），除供现场检查外，单重在500g以上的，留取3个（块），500g以下的，留取5个（块）。捆包的散茶取样时，应从各件的上、中、下部采样，再用四分法或分样器缩分至所需数量。样品必须迅速盛装在清洁、干燥、密闭性良好的容器内。

样品标签：每个样品的容器都必须有标签，详细标明有关的事项，确保样品的代表性，避免样品被污染。

外形审评

把盘：审评干茶外形的首要操作步骤。

把用于感官审评的茶样，从样罐中倒出，取200~250g放入样茶盘里，通过样盘回旋转动，使样盘里的茶叶均匀地按轻重、大小、长短、粗细等不同有次序地分布，分出上、中、下三个层次。

上段茶：粗长轻飘的茶叶浮在表面，或称面装茶；

中段茶：细紧重实的集中于中层，俗称腰档或肚货；

下段茶：体小的碎茶和片末沉积于底层，叫下段茶。

外形审评考虑的影响因子分别有：

嫩度：茶叶的嫩度是外形审评考虑的重要因子。对于绿茶、红茶、黄茶、白茶等茶类而言，适度细嫩的鲜叶制出的成品茶香气和滋味要好于老的原料制成的茶叶。判断茶叶嫩度主要关注含芽比例、芽叶的含毫量、光糙度。茶树鲜叶品种确定的情况下，含芽量多代表嫩度较好；芽和嫩叶的含茸毛的量要多于粗老的叶片；而嫩芽新梢由于含有较多的果胶，叶质厚实柔软，制成的茶叶表面往往会光润鲜活。

●称取茶样

形状：观察茶叶的造型特征，判断是否符合该茶样的风格特点，分析工艺是否得当。

色泽：判断颜色和匀杂情况（有些劣质茶喷洒色素，则叶底有不溶于水的斑点，久置空气中不变色）。

整碎：三段茶是否匀齐，不脱档。

净度：不能有非茶类夹杂物；茶类夹杂物是否过多，如老片、黄叶、茎、茶果等。

内质审评

开汤：俗称泡茶，是内质审评的重要步骤。开汤前先将审评杯碗洗净擦干按号码次序对应排列在湿评台上，杯盖应放入审评碗内；称取样茶（3g或者5g）投入审评杯内（精确到0.1g）；以沸滚适度的开水以慢—快—慢的速度冲泡满杯，泡水量应齐杯口一致。冲泡第一杯起即应计时，随泡随加杯盖；到达冲泡时间时按冲泡次序将杯内茶汤滤入审评碗内，沥茶汤时，审评杯卧搁在碗口上，杯子的盖钮刚好枕在碗沿，杯中茶汤应完全滤尽，如果有残留，最后的茶汤浓度会很大，延时冲泡的几滴会增加茶汤的浓度。

开汤后应先看汤色，因为汤色在空气中变化快，而且茶汤刚滤出时，杯子的温度很高，也不适宜迅速嗅香。看过汤色之后再嗅香气，尝滋味，看叶底。

看汤色：茶叶内含成分溶解在沸水中形成的溶液所呈现的色彩，称为汤色，又称水色。审评汤色要及时，因茶汤中的成分和空气接触后很容易发生变化。汤色易受光线强弱、茶碗规格、容量多少、排列位置、沉淀物多少、冲泡时间长短等各种外因的影响。

嗅香气：鉴评茶叶香气是通过泡茶使其内含芳香物质得到挥发，挥发性物质的气流刺激鼻腔内嗅觉神经，呈现不同类型不同程度的茶香。

嗅时应重复一两次，但每次嗅的时间不宜过久，因嗅觉易疲劳，嗅香过久，嗅觉失去灵敏感，嗅香气应以热嗅、温嗅、冷嗅相结合进行。嗅香气时，将杯盖开一小缝，凑近鼻子快速吸气，嗅香气的时间不要太长，保持在2～3秒。

滤茶汤后，看过汤色立刻趁热嗅香气，此时为热嗅。热嗅主要辨别纯异。待叶底温度约55℃时温嗅香气，此时主要辨别香气类型、高低、特点，是嗅香气的主要依据。最后在审评杯完全冷下来后冷嗅香气，主要为了判断香气的持久度。

尝滋味：使茶汤入口在舌头上循环滚动，全面而充分地辨别滋味。

尝味后的茶汤一般不宜咽下。为避免混淆，不同碗中茶汤品尝之间可以用清水漱口。尝第二碗时，匙中残留茶液应倒尽或在煮沸后的水/饮用水中漂净，不致互相影响。尝滋味和嗅香气一样对感官灵敏度有较高的要求。前者要求审评者不抽烟，不涂带香味的乳液、香水等。后者要求审评者评茶前尽量不吃有刺激性的食物，如辣椒、葱、蒜、胡椒、糖果等。

看叶底：将杯中冲泡过的茶叶倒入黑色木质叶底盘，也有放入白色搪瓷漂盘加清水漂起。杯中叶底务必取干净，将之拌匀，铺开，掀平放在叶底盘中，通过手捏、眼看判断老嫩。根据叶底的老嫩、匀杂、整碎、厚薄、色泽、芽头嫩叶含量和开展与否等来评定优次，同时还应注意有无其他掺杂。

茶叶品质审评一般通过外形、汤色、香气、滋味、叶底五项因子反映茶叶品质，每一项目的审评不能单独反映出整个品质。茶叶各个品质项目不是单独形成和孤立存在的，而是在相互之间有密切的相关性。综合审评结果时，每个审评项目之间，应做仔细的比较参详，最终得出结论。

茶叶的分类和茶区分布

中国的茶叶根据加工的程度分为初加工茶和再加工茶。在初加工茶中根据茶多酚的氧化程度和干茶色泽可以分为六大茶类，每个茶类可以根据原料嫩度、工艺有不同的分类方法。我国茶叶的分类如图所示：

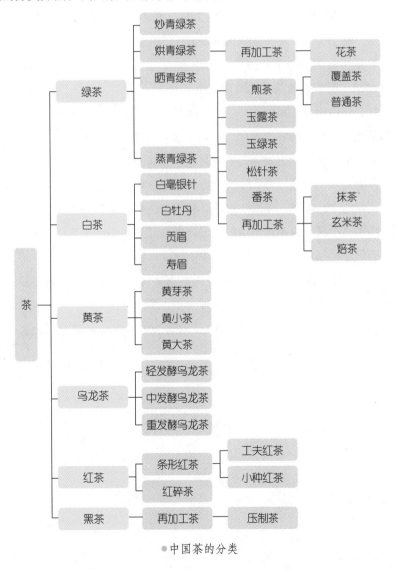

●中国茶的分类

我国现代茶区主要划分为四大茶区，即江北茶区、江南茶区、西南茶区和华南茶区。

江北茶区：位于长江以北，秦岭—淮河以南，包括鄂北、甘肃南部、河南南部、陕西南部和山东一带。由于该区域内，常年气温较低，冬春季节时间较长，年平均气温14～16℃，这里生长的茶树均为灌木型中小叶种，生产的茶类有绿茶、工夫红茶和压制茶。著名的茶叶花色有茯砖、信阳毛尖、舒城兰花茶等。

江南茶区：主要包括长江以南的安徽省、江苏省、湖北省、湖南省、江西省和浙江省等地，是中国茶叶的主产区，在全国有举足轻重的地位。这里春暖、夏热、秋爽、冬寒，四季分明，年平均气温16～18℃。生长的茶树以灌木型的中小叶种为主，还有少量小乔木型的中叶种和大叶种茶树。生产的茶类齐全，有红茶、绿茶、乌龙茶、白茶、黑茶和黄茶，以及压制茶和花茶。所出产的茶叶花色有西湖龙井、洞庭碧螺春、君山银针、黄山毛峰、太平猴魁、古丈毛尖、庐山云雾等。

西南茶区：是我国的古老茶区，包括贵州省、四川省、重庆市、云南中北部和西藏东南部等地。该区地形复杂，地势高峻，多属高原，拥有的茶树资源丰富，栽培的茶树种类也多，有灌木型和小乔木型，部分地区还有乔木型茶树。全区属亚热带范围，气候特点是春早、冬暖、夏热、秋雨，适合各种类型茶树生长，是我国外销红碎茶的主要产区，也是普洱茶的主要产区，此外还生产绿茶和花茶。

华南茶区：包括福建中南部、广东中南部、广西南部、云南南部、海南省和台湾地区。该区主要属热带季风气候，境内高温多雨，恒夏无冬，茶树品种资源丰富，栽培品种以乔木型和小乔木型大叶种为主，灌木型中小叶种亦有分布，生产茶类主要有红、白茶、乌龙茶、黑茶以及压制茶，境内的名茶有铁观音、凤凰单丛、西山茶、冻顶乌龙、文山包种等。

茶叶中的几种重要呈味物质

茶树鲜叶中水分的含量占到75%～78%，干物质的含量仅为22%～25%，其中有些成分对于茶叶风味的形成发挥着重要的作用，茶树鲜叶的成分比例如图所示。另有一些滋味物质是以茶鲜叶中的成分为前体，在加工过程中产生，也对茶的风味特征产生重要的影响，本小节将对此展开论述。

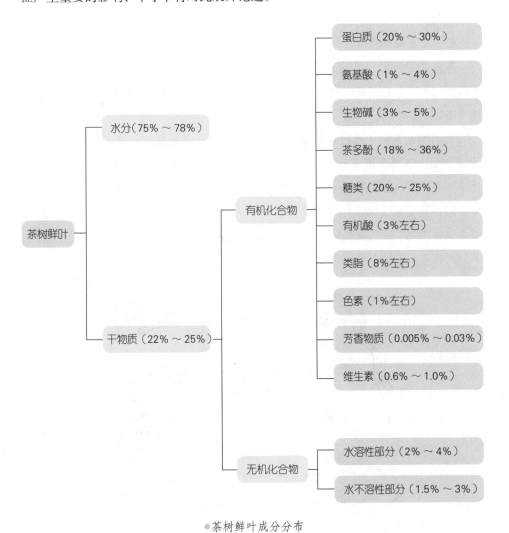

茶树鲜叶

水分（75%～78%）

干物质（22%～25%）

有机化合物
- 蛋白质（20%～30%）
- 氨基酸（1%～4%）
- 生物碱（3%～5%）
- 茶多酚（18%～36%）
- 糖类（20%～25%）
- 有机酸（3%左右）
- 类脂（8%左右）
- 色素（1%左右）
- 芳香物质（0.005%～0.03%）
- 维生素（0.6%～1.0%）

无机化合物
- 水溶性部分（2%～4%）
- 水不溶性部分（1.5%～3%）

●茶树鲜叶成分分布

氨基酸 茶叶中的氨基酸，不仅是组成结构蛋白的基本单位，也是活性肽、酶和其他一些生物活性分子的重要组成成分。茶叶氨基酸的组成、含量以及它们的降解产物和转化产物也直接影响茶叶品质。茶叶氨基酸的味道大多都具有鲜、爽、甜的特点，部分氨基酸还略带微酸。如果茶叶当中氨基酸含量较高，那么口感就会表现出鲜、爽、甜的特点，如果具有刺激性的茶多酚的含量也比较恰当，那么茶叶的口感就表现出醇爽的特点。部分氨基酸还表现出一定的良好香气，如腥甜、海苔味、鲜甜、紫菜气味等。有些氨基酸会与其他物质相结合，参与良好香气的形成。

从氨基酸在茶树体内的分布比例来看，小叶种＞大叶种，白茶、绿茶＞红茶、黄茶＞乌龙茶＞黑茶，高级茶＞低级茶。氨基酸对于绿茶主要影响滋味；氨基酸对于红茶，主要影响香气。

茶叶中发现并已鉴定的氨基酸有二十多种，多数以游离氨基酸的状态存在。大多数的氨基酸在其他生物体中也较为常见，另有一些则较为特殊，最具代表性的就是茶氨酸。

茶氨酸是茶树中比较特殊而在其他植物中罕见的氨基酸。当前茶氨酸所具有的一些生物学属性正逐渐为人们所关注。茶氨酸能够调节脑内神经传达物质的变化，如多巴胺。多巴胺是一种重要的神经传达物质。茶氨酸被人体吸收后会使脑内多巴胺显著增加，因而使脑部疾病有可能得到调节或预防。茶氨酸还具有镇静作用。试验表明，服用茶氨酸后，脑中的 α 波增强，α 波的出现就表示大脑处于放松、平静的状态。其效果可与咖啡碱的兴奋作用相对抗。并且茶氨酸的这种作用对容易

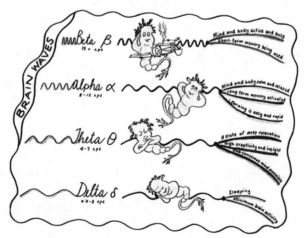

●茶氨酸效果图（图片来源于豆丁网课件《茶叶中的化学成分及其性质》）

情绪不安的人更有效。

茶氨酸极易溶于水，具有焦糖香和类似于味精的鲜爽味。

咖啡碱：茶叶的生物碱中含量最多的是咖啡碱，这也是对茶汤滋味影响很大的一种嘌呤碱。咖啡碱是具有绢丝光泽的白色针状结晶体，失去结晶水后成为白色粉末，在120℃以上开始升华。咖啡碱易溶于水，有苦味，

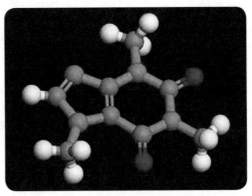

●咖啡碱结构图

在茶树体内有不同分布。一般而言，嫩叶的咖啡碱含量较高，老叶的含量较低。咖啡碱是茶叶重要的滋味物质，与茶黄素以氢键缔合后形成的复合物具有鲜爽味，因此茶叶咖啡碱含量也常被看作是影响茶叶质量的一个重要因素。

咖啡碱具有强心的作用，能促进冠状动脉的扩张，增加心肌的收缩力，增加心血输出量，改善血液循环，加快心跳。咖啡碱也能促进消化液的分泌，喝茶较多后产生饥饿感与此有关。咖啡碱还能刺激胃液的分泌，使胃液持续增加，促进食物的消化。古人所说的"去滞化食"的主要功劳也应归于咖啡碱。

咖啡碱还具有利尿作用。其机理为舒张肾血管，使肾脏血流量增加，肾小球过滤速度增加，抑制肾小管的再吸收，从而促进尿的排泄。这能增强肾脏的功能，防治泌尿系统感染。

咖啡碱对人体产生的最明显作用在于对中枢神经的刺激。睡前摄入咖啡碱会使入眠时间推迟，推迟时间的长短与咖啡碱的摄入量基本成正比。不过，由于各人对咖啡碱的敏感度不同，咖啡碱的兴奋效果有很大的个体差异性。而且茶中还有其他作用于大脑的成分，如茶氨酸，在一定程度上会降低咖啡碱的兴奋作用。

在红茶中，咖啡碱能够与茶黄素、茶红素结合，这是"冷后浑"——乳状沉淀的主要成分。温度接近100℃时，咖啡碱与茶黄素、茶红素各自呈游离状态，随着温度下降，它们通过羟基和酮基间的氢键缔合成络合物，随着缔合度的不断增大，缔合物的粒径由小到大。茶汤由清转浑，粒径继续增大，产生凝聚现象，茶汤冷却后出现乳状物析出，就是"冷后浑"现象。

茶多酚：准确地讲，茶多酚是茶树新梢和其他器官都含有的多种不同的酚类及其衍生物的统称。茶多酚类主要有儿茶素（黄烷醇类），黄酮、黄酮醇类，花青素、

花白素类，酚酸及缩酚酸等。其中，最重要的是以儿茶素为主体的黄烷醇类，其含量占多酚类总量的70%～80%，是茶树次生代谢的重要成分，也是茶叶保健功能的首要成分。

儿茶素：茶树中所含的儿茶素既有简单儿茶素也有酯型儿茶素。儿茶素的结构中包含酚性羟基，由于酚性羟基极易被氧化，在红茶制造中，儿茶素氧化形成邻醌，之后再发生缩合作用形成茶黄素，茶黄素可进一步转化为茶红素，这对于体现红茶红艳明亮的风格至关重要。在光、高温、氧化酶等作用下，儿茶素也易氧化、聚合、缩合，在空气中可自动氧化为黄棕色物质。

根据茶树的芽、叶的成熟程度不同以及茎梗位置不同，儿茶素类的含量和组成差异很大。一般而言，儿茶素总量与茶树伸育程度呈负相关。对于不同的茶树品种，儿茶素类的含量和组成差异也很大，通常大叶种大于中小叶种，这也意味着大叶种原料制作红茶比绿茶更为适合，发酵的效果更佳。

儿茶素中酯型儿茶素的含量占80%左右，酯型儿茶素具有较强的苦涩味，收敛性强，是构成茶汤涩味的主体。非酯型儿茶素（简单儿茶素）稍有涩味，收敛性弱，回味爽口。茶汤中的生物碱与大量儿茶素容易形成氢键，而这类络合物的味感相对增强了茶汤的醇度和鲜爽度，减轻了苦味和粗涩味。

除了儿茶素之外，茶多酚类还有花青素、花白素和黄酮等物质，也会产生茶汤的苦味。茶叶的花青素含量高时，表现为芽叶紫红色，多出现在夏季高温强光照天气中。

●儿茶素结构图

茶多酚类是构成茶汤浓度、强度和鲜爽感的重要呈味物质，也由于其具有的抗氧化的特性受到人们的关注。

茶叶中的糖类

茶鲜叶中的糖类物质，包括单糖、寡糖、多糖及少量其他糖类。单糖和双糖是构成茶叶可溶性糖的主要成分。茶叶中的多糖类物质主要包括纤维素、半纤维素、淀粉和果胶等。

茶叶中的单糖主要以葡萄糖、半乳糖和果糖最常见。茶叶中的双糖主要是蔗糖，加工过程中还形成少量麦芽糖。

茶叶加工过程中，在高温下，氨基与羰基（氨基酸与糖类）共存时，会引起美拉德反应[1]。美拉德反应生成的吡嗪类、糠醛类衍生物是茶叶烘炒香的物质基础，但超量时会产生焦烟气。

纤维素和半纤维素构成茶树的支持组织，在普洱熟茶、茯砖、康砖等茶叶加工中，由于微生物的大量繁殖，分泌大量水解酶，如纤维素酶，分解纤维素形成可溶性糖。淀粉难溶于水，是茶树体贮藏能量的形式。在茶叶加工中，部分淀粉能在内源水解酶的作用下水解成可溶性糖，参与茶叶品质的构成。原果胶是构成茶树叶细胞的中胶层，在原果胶酶的作用下，形成水溶性果胶素。在茶叶加工过程中，果胶物质一方面水解形成水溶性果胶素参与构成茶汤的滋味；另一方面，果胶物质还与茶汤的黏稠度、条索的紧结度和外观的油润度有关。

---

[1] 美拉德反应：高温下，部分糖类与氨基酸和蛋白质发生反应，发生脱水、缩合、聚合反应，最后形成黑褐色物质，容易产生令人愉快的焦糖香气。产物有吡嗪类、糠醛类衍生物，是茶叶烘炒香的物质基础，超量后则产生焦烟气。

审评方法实验设计

实验一　审评方法的学习

1. 实验的目的

熟悉通用型审评方法的基本流程，学习样盘的操作和审评杯碗的使用。

2. 实验的内容

按照五项因子评茶法对不同造型的毛茶和精制茶进行感官审评，干评外形环节注意摇盘收盘等动作的熟练，湿评内质的环节注意嗅香气的三个步骤。

3. 主要仪器设备和材料

不同种类的毛茶和精制茶（审评教学样）、茶叶样罐、样盘、通用型审评杯碗、汤勺、天平、计时器、叶底盘、吐茶桶、记录纸等茶叶感官审评全套设备。

4. 操作方法与实验步骤

外形审评：将样罐中的茶样倒入茶样盘中，摇盘，收盘，使用颠、簸等手法，能够将茶叶摇盘旋转展开，再通过收盘的方法将茶叶收拢成馒头形。

观察三段茶的分布，掌握看三段茶的方法。

内质审评：参考《茶叶感官审评方法》（GB/T 23776—2009）中精制茶或者毛茶的标准，将茶叶上下、大小混合均匀，从干评茶样中取样3.0g或者5.0g，放入容量为150mL通用型审评杯或者250mL的毛茶审评杯中，冲入100℃沸水至口沿后加盖，计时5分钟后沥汤。看汤色，嗅香气，尝滋味，看叶底。

汤色注重颜色、亮暗程度、清浊状况等。

香气审评分三次进行，按照热嗅辨纯异、温嗅辨浓度类型、冷嗅辨持久度来进行。

滋味审评根据茶汤的浓淡、醇涩、爽钝等特点进行评定。

看叶底以原料嫩而芽多、厚而柔软、匀齐明亮的为好；以叶质粗老、硬、薄、花杂、老嫩不一、大小欠匀、色泽不调和为差；色泽以鲜明一致为佳。

1. 练习摇盘、收盘。

实验二　审评用水对实验结果的影响

1. 实验的目的

验证不同的水对审评实验结果的影响。

2. 实验的内容

对选定的绿茶或者红茶、乌龙茶实验样分别用自来水、纯净水和矿泉水进行冲泡对比实验，比较不同的水冲泡出的茶叶汤色、香气、滋味和叶底的差异。

3. 主要仪器设备和材料

审评教学样、茶叶样罐、样盘、通用型审评杯碗、汤勺、天平、计时器、叶底盘、吐茶桶、记录纸等茶叶感官审评全套设备，符合城市饮用水基本标准的自来水、纯净水、矿泉水。

4. 操作方法与实验步骤

对同一款茶样混合均匀后取三份茶样（每份3.0g）放入三个审评杯，将加热沸腾的三种水分别加入审评杯中冲泡5分钟，沥汤、看汤色、嗅香气、尝滋味、看叶底。

5. 实验数据记录和处理

对于不同水冲泡的茶辨别汤色区别、香气、滋味分数的多少，辨别自来水、纯净水和矿泉水之间的差异。

思考

1. 水的硬度对于茶汤有效呈味物质溶出的影响。
2. 水的pH值对于茶汤汤色和滋味的影响。

附　茶叶审评常用评语

干茶外形评语

显毫：芽尖含量高，并带有较多的白毫。

锋苗[1]：芽尖紧卷有尖锋。

重实：条索或颗粒紧结，以手掂量有沉重感，一般是叶质嫩厚的茶叶。

匀整：指上、中、下三段茶的大小、粗细、长短较一致。

匀称：指上、中、下三段茶的比例适当，无脱挡现象。

挺直：条索平整而挺直呈直线状，不短不曲。

平伏：摇盘后，上、中、下三段茶在茶盘中相互紧贴，无翘起架空或脱挡现象。

紧结：条索卷紧而重实，为条形茶常用术语。

紧实：紧结重实，嫩度稍差，少锋苗，制工好。

肥壮：芽肥、叶肉厚实，柔软卷紧，形态丰满。

壮实：芽壮、茎粗，条索肥壮而重实。

粗壮：条索粗而壮实，粗实与此同义。

粗松：嫩度差，形状粗大而松散。

松条：条索卷紧度较差。

扁块：结成扁圆形的茶块。

扁条：条形扁，欠圆浑，制工差。

短钝：条索短而无锋苗。短秃与此同义。

脱档：上、下段茶多，中段少，三段茶比例不当。

爆点：干茶上的烫斑。

轻飘：手感很轻，茶叶粗松，一般指低级茶。

露筋：丝筋显露。

油润：色泽鲜活，光滑润泽。

枯暗：色泽枯燥而无光泽。

---

[1] 锋苗：茶条紧卷后，芽尖形成的锐度，体现了原料的嫩度。

调匀：叶色均匀一致。

花杂：干茶叶色不一致，杂乱，净度差。

汤色评语

清澈：清净、透明、光亮、无沉淀。

鲜艳：汤色鲜明艳丽而有活力。

鲜明：新鲜明亮略有光泽。

明亮：茶汤深而透明。

浅薄：茶汤中物质欠丰富，汤色清淡。

沉淀物多：茶汤中沉于碗底的渣末多。

浑浊：茶汤中有大量悬浮物，透明度差。

香气评语

高香：香气高而持久，刺激性强。

纯正：香气纯净、不高不低，无异杂气味。

平和：香气较低，但无杂气。

钝浊：香气有一定浓度，但滞钝不爽。

闷气：令人不愉快的熟闷气，沉闷不爽。

粗气：香气低，有老茶的粗糙气。

青气：带有鲜叶的青草气。

高火：茶叶加温干燥过程中，温度高、时间长，干度十足产生的火香。

老火：干度十足，带轻微的焦茶气味。

陈气：茶叶存放过久产生的陈化气味。

异气：烟、焦、酸、馊、霉等及受外来物质污染所产生的异杂气。

滋味评语

回甘：茶汤入口微苦后回味有甜感。

浓厚：味浓而不涩，纯正不淡，浓醇适口，回味清甘。

醇厚：汤味尚浓，有刺激性，回味略甜。

醇和：汤味欠浓，鲜味不足，但无粗杂味。

纯正：味较正常，欠鲜爽。

粗淡：味粗而淡薄，为低级茶的滋味。

苦涩：味虽浓但不鲜不醇，茶汤入口涩而带苦，令味觉麻木。

熟汤：茶汤入口不爽，软弱不快的滋味。

水味：口味清淡不纯，软弱无力，干茶受潮或干度不足时带有"水味"。

高火味：高火气的茶叶，茶汤中也带有火气味。

老火味：轻微带焦的口感。

焦味：烧焦的茶叶带有的焦苦味。

异味：烟、焦、酸、馊、霉等及茶叶受到外来物质污染所产生的味感。

叶底评语

细嫩：芽头多，叶子细小嫩软。

嫩匀：芽叶匀齐一致，细嫩柔软。

柔嫩：嫩而柔软。

柔软：嫩度稍差，叶片质地柔软，手按如棉。

匀齐：老嫩、大小、色泽等均匀一致。

肥厚：芽叶肥壮，叶肉厚实、柔软。

粗老：叶质粗硬，叶脉显露，手按之粗糙。

开展：叶张展开，叶质柔软。

摊张：叶质较老，摊开。

单张：脱茎的单叶，多见于低等级的茶叶，制工差。

破碎：叶底断碎、破碎叶片多。

鲜亮：色泽鲜艳明亮，嫩度好。

明亮：鲜艳程度次于鲜亮，嫩度稍差。

暗：叶色暗沉不明亮。

花杂：叶底色泽不一致。

焦斑：叶张边缘、叶面有局部黑色或黄色烧焦的斑痕。

焦条：烧焦发黑的叶片。

第二章

绿茶的
审评与品鉴

——从来佳茗似佳人

春季萌发的嫩叶新芽

　　绿茶是我国生产的主要茶类，也是历史最悠久的茶类。在漫长的中国制茶史上，绿茶更是遗存经典最多、花色品种最丰富、有着最多造型艺术的茶类。绿茶具有干茶绿润、清汤绿叶的特征，为了保证这些特征，绿茶的采摘也要求茶叶相对细嫩，像是人生之青春，更如二八之佳人。苏东坡曾有诗云："戏作小诗君莫笑，从来佳茗似佳人。"用来形容绿茶最是恰当。

绿茶的分类、特征和工艺原理

就整体的茶类而言，绿茶的初加工主要由杀青、揉捻、解块、做形、干燥组成。杀青即通过高温破坏酶的活性，其中对绿茶影响最大的是多酚氧化酶。茶多酚在缺乏酶的催化作用时反应缓慢，在接触多酚氧化酶之后容易发生快速的酶促氧化反应，形成红褐色的反应物。但是在鲜叶中，茶多酚和多酚氧化酶隔绝分布在不同的细胞器内，除非受到外力的损伤，否则茶多酚很难发生酶促氧化。生产实践中，鲜叶采摘之后要尽量避免叶片折断或者摊放过久。因为前者造成外力的直接损伤，带来受损部位的红变；后者由于渗透作用加剧，茶多酚也能够与酶接触发生氧化，产生红褐色的反应物，而表现为叶肉局部变红。

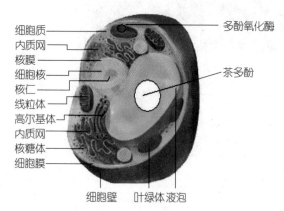

通过揉捻等工序破坏叶细胞 → 茶多酚氧化 → 叶细胞红变

●茶叶细胞结构

多酚不容易因为氧化而产生红变的现象，因而得到干茶、茶汤和叶底三绿的特征。因此，杀青的工艺水平已经奠定了绿茶品质的基础。中国的绿茶杀青主要使用滚炒的方式进行，即以热传导的形式完成杀青机械对鲜叶热量的传递，而日本煎茶的杀青则利用热蒸汽对流的方式达到使叶温升高的目的。杀青阶段结束时，这两种杀青的鲜叶在香气、含水量和颜色上都有很大的不同，最终也构成了成品茶迥异的风格。当前在中国采用蒸汽杀青的代表性绿茶有湖北的恩施玉露，此外则绝大多

●绿茶造型

数都是采用滚炒的方式进行杀青。

揉捻、解块和做形的过程主要是通过机械或者手工的外力作用使叶细胞破损、茶汁揉出，不仅构成干茶的特定造型，也对茶汤的浓度带来极大的影响。做形方式不同，产生的茶叶造型也千变万化，造型在很大程度上可以说是我国有代表性的细嫩名优绿茶的特征组成部分。我国各地的细嫩名优绿茶，又可按外形分为扁形、针形、螺形、眉形、兰花形、雀舌形、珠形、片形、卷曲形等。

绿茶的干燥环节除了使茶叶的含水量下降至理想状态外，还是形成茶叶香气和滋味特点的重要环节。鲜叶采摘后散发的浓郁的青草气，虽然大部分在杀青和做形的环节挥发，但是在干燥环节能否彻底透发也会影响绿茶最终的香气是否残留"青气"。大量低沸点的青草气的散发有利于高沸点的香气的显露。不少名优绿茶的嫩香、清香、栗香或者是复合香型主要是在干燥的环节中逐渐形成的。

绿茶的干燥环节也同时使滋味品质得以固化和发展，不同的干燥方式、干燥温度以及各干燥阶段含水量的控制会对滋味品质的形成产生深刻的影响。烘干、炒干和晒干的绿茶在滋味特征上就有着极大的区别，一般而言烘青的滋味不及炒青的滋味浓烈，而晒青绿茶带有明显的日晒风格（结合大叶种的品种特征，品饮者会将其形容为"笋干味"或"果脯味"）。也可以以热量传递的方式来理解干燥环节：炒青绿茶是利用热传导的方式达到降低水含量、提升香气、固定造型的目的；烘青绿茶是利用热风的对流来降低茶叶的含水量的，这种情况下茶叶受到的外力作用较小，茶叶表面的可溶解物质含量少于炒青型，香气也以清香型为主；晒青绿茶则是利用太阳所提供的热辐射达到降低水分的效果，由于天气条件限制等原因，晒干的毛茶含水量通常高于炒青和烘青。

综上所述，绿茶的分类既可以根据工艺的不同分为炒青型、烘青型、晒青型、蒸青型四种，前三种主要是指干燥环节采用炒干、烘干、晒干的方式获得的绿茶，蒸青型是指在杀青过程中采用蒸汽杀青方式获得的绿茶；也可以根据不同造型进行分类。如图所示：

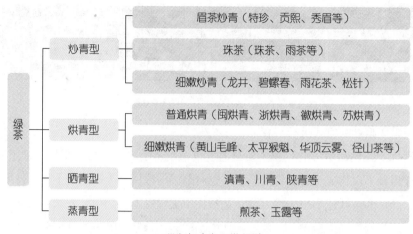

		眉茶炒青（特珍、贡熙、秀眉等）
	炒青型	珠茶（珠茶、雨茶等）
		细嫩炒青（龙井、碧螺春、雨花茶、松针）
绿茶	烘青型	普通烘青（闽烘青、浙烘青、徽烘青、苏烘青）
		细嫩烘青（黄山毛峰、太平猴魁、华顶云雾、径山茶等）
	晒青型	滇青、川青、陕青等
	蒸青型	煎茶、玉露等

●不同造型的细嫩绿茶

　　绿茶的品质由细致严格的采摘、适度的摊放、充分而彻底的杀青、合理的揉捻和做形方式、控制严格的干燥共同构成。在评判绿茶的品质时，需要从外形、汤色、香气、滋味和叶底五项因子综合判断。外形和内质方面不仅要具备"三绿"的特征，还要兼顾各具特色的造型。另外，香气清爽嫩鲜令感官有愉悦感，滋味鲜爽回甘、不苦不涩也是好的绿茶应该具备的特征。

绿茶的加工工艺对品质的影响

虽然绿茶的品质是生长环境、品种、加工工艺以及贮藏等多种因素综合决定的，但现实中加工工艺由于其具有较高的人为可控性而受到从业人士更多的重视。加工工艺的各个环节都会对绿茶的品质产生影响，下面将逐一讲述。

鲜叶采摘：鲜叶采摘环节影响品质的首先是原料的嫩度。鲜叶的嫩度不同，内含成分不同，对茶叶的形状、色泽、香气、滋味以及叶底形状都会有影响。鲜叶的嫩度不同会带来叶片的形态特征的区别。嫩叶形状小，叶质柔软，锯齿有排水孔，叶脉较平滑，则制造可塑性好，干茶容易成形，干茶身骨重实。由于原料较嫩，果胶含量相对较多，制成干茶油润而有光泽，也就是通常评茶所描述的润度较好（茶叶的润度更像形容一个人的气色，气色好的人往往身体健康具有活力，和肤色的深浅无关）。鲜叶嫩度不同，内含的芳香物质也不同，细嫩的高级绿茶往往具有嫩香高而持久的特点。随着芽梢渐渐伸长和叶片长大，香气成分发生变化。伴随加工过程重新组合形成的香型有清香型、花香型、果香型、甜香型以及烘炒的火香型等，由粗老叶加工的成品茶往往表现为粗老或粗淡的气味。

●萌发的嫩叶

绿茶茶汤的滋味优劣尤其与原料的老嫩有着密切的关系，鲜叶老嫩不同，其内含呈味物质的含量不同（见表2-1）。一般嫩度高的鲜叶内含物丰富，如多酚类、蛋白质、水浸出物、氨基酸、水溶性果胶的含量较高，且各成分的比例协调，茶叶的滋味较浓厚，回味好。嫩度低的鲜叶内含物少而单调，通常是糖类、淀粉、粗纤维的含量较高，而蛋白质、氨基酸、咖啡碱、多酚类的含量较少，且各成分的组成难以协调，所以老叶制成的绿茶容易粗涩或粗淡。

表2-1　不同嫩度鲜叶主要成分含量

单位：%

成分	第一叶	第二叶	第三叶	第四叶	老叶	嫩茎
水分	76.70	76.30	76.00	73.80	—	84.60
水浸出物	47.52	46.90	45.59	43.70	—	—
多酚类	22.61	18.30	16.23	14.65	14.47	12.75
儿茶素	14.74	12.43	12.00	10.50	9.80	8.61
全氮量	7.55	6.73	6.20	5.50	—	—
咖啡碱	3.78	3.64	3.19	2.62	2.49	1.63
氨基酸	3.11	2.92	2.34	1.95	—	5.73
茶氨酸	1.83	1.52	1.23	1.16	1.81	—
还原糖	0.99	1.15	1.40	1.63	1.81	—
蔗糖	0.64	0.85	1.66	2.06	2.52	—
淀粉	0.82	0.92	5.27	—	—	1.49
粗纤维	10.87	10.90	12.25	14.48	—	17.08
可溶性灰分	3.36	3.36	3.32	3.02	—	3.47

资料来源：施兆鹏. 茶叶审评与检验（第四版）. 北京：中国农业出版社，2010.

除了嫩度之外，鲜叶采摘的环节还对原料的匀度和净度有影响。鲜叶的匀净度是指鲜叶理化性状的相对一致性，具体是指鲜叶的芽叶组成和比例、嫩梢壮瘦、叶片大小、叶色深浅以及夹杂物的多少等。鲜叶净度好，匀整一致，加工时受热均匀，叶色容易调匀一致；如果鲜叶老嫩、壮瘦不一，叶色深浅参差，也会在干茶的外形以及香气滋味中表现为感官感受的不一致。

摊放：大量实践证明，鲜叶采摘到加工开始要经历若干小时摊放的过程才能得到较高品质的绿茶。鲜叶，尤其是雨水叶和露水叶，在杀青前进行适当的摊放，有利于制茶品质的提高；鲜叶摊放对于名优绿茶而言更是必要的工序。历史上采茶歌谣中关于"晴采雨不采"之类的词句就是为了防止鲜叶带有较多的水分而影响了制成茶叶的品质。张正竹等在研究中认为：摊放叶中糖苷类香气前体的总量较鲜叶有所上升，特别是0～8小时内，由于叶片的失水作用，β-葡萄糖苷酶活性升高。β-葡萄糖苷酶是与糖苷类香气前体水解关系密切的内源酶，会在后续的加工过程中影响香气物质的释放。简言之，香气前体总量上升，糖苷酶的活性上升，在干燥阶段会导致更多的香气物质的产生。尹军锋等在研究中认为：摊放过程中随着鲜叶水分的下降，酯型儿茶素的总量呈下降趋势，简单儿茶素和儿茶素总量在前期下降，后期逐渐上升，这表明在摊放过程中酯型儿茶素由于水解作用加剧，转化生成简单儿茶素和没食子酸，这种此消彼长的变化会带来成品茶涩度降低而鲜爽感上升的口感。另外，摊放过程中酶系反应方向趋于水解，酶活性增强，淀粉、蛋白质和果胶水解生成水溶性糖、可溶性果胶和氨基酸等简单物质，有益于提高茶汤的滋味醇厚感。一般认为摊放鲜叶的含水量在70%左右，外部环境的相对湿度在70%以下，室温在20～25℃时，容易获得较为协调的滋味品质。

杀青：杀青技术的掌控程度对于成品茶的色泽、汤色、香气、滋味和叶底颜色均有不同程度的影响。在高温钝化酶的活性的初期，如果叶温上升较慢，可能反而会产生茶多酚的酶促氧化，继而带来鲜叶的红变现象，在生产中则需要避免投叶量过多或者杀青温度设置过低，以防此类现象发生。如果杀青温度不够，茶叶发生的主要是红梗现象。其主要是由于嫩茎含水量高，升温慢，其中的茶多酚率先发生了氧化。

另外，在杀青过程中，由于水分的大量散发和受热，杀青叶处于湿热条件下，叶绿素的破坏量增多，会形成大量的脱镁叶绿素，使类胡萝卜素的黄颜色得到呈现，叶色趋向于由嫩绿、翠绿向黄褐色转变，不利于干茶色泽的形成，所以在生产中又需要避免杀青时间过长或者闷杀的部分过久。

杀青对于绿茶香气的影响则表现在低沸点香气成分的大量散发作用上。王力

等人在研究中总结认为：杀青的实质是酶的热变过程。在热的作用下，既有酶促作用，又有热裂解作用和酯化作用，芳香物质从含量到种类都显著增加。采用不同的杀青方式，茶叶的香气特征各不相同。滚炒杀青的绿茶因杀青时间较长，保留苯甲醇、香叶醇等高沸点成分以及热物理化学反应生成的吡嗪、吡咯等焦糖物质，通常具有栗香或清香；蒸青绿茶因蒸青时间短，低沸点香气成分含量较高，青气明显。

杀青的过程假如掌握得当，能够在钝化酶活性的同时完成部分呈味物质的形成和转化，有利于绿茶滋味的构成。杀青强调高温杀青，温度先高后低。假如杀青时间过短，那么蛋白质和以酯型儿茶素为主的茶多酚等的水解转化不充分，可溶性糖、游离氨基酸等滋味物质的形成较少，涩度难以降低，不利于茶汤滋味的形成。同时，一些名优绿茶往往选料细嫩，嫩叶及嫩茎的含水量高，酶活性较高，杀青需要采用稍高的温度和适当延长杀青时间，才能充分破坏酶活性，散发足够的水分，达到蛋白质和多糖的水解等目的。杀青的口诀"嫩叶老杀，老叶嫩杀"，就是对生产经验的高度总结。

杀青适当与否还可以在叶底的色泽上得以展现。杀青充分彻底，鲜叶的青气透发，水分散失充分，叶底的色泽嫩绿而明亮；杀青不充分彻底则可能出现部分颜色暗沉、色泽深绿的"青张""青叶"等弊病。杀青温度过高还可能导致茶叶焦变，在叶底上出现焦斑现象。

揉捻：揉捻环节以及之后的解块和做形是形成绿茶独特造型的关键步骤，我国的绿茶造型丰富多样，各具特色的形状也是在品茶过程中给人带来良好审美感受的影响因素。揉捻对于茶叶品质的重要性还体现在对滋味的影响方面。徐奕鼎等人在研究中发现：对于名优绿茶，适当延长杀青时间和轻度揉捻的组合更有利于形成优质的茶汤，茶叶的内含物适度溢出有利于后续干燥过程中热物理化学反应，茶多酚由于延长了杀青时间和细胞破损小而浸出含量较少，茶汤的酚氨比下降，茶汤滋味更为协调。相同原料、不同造型的大叶种优质绿茶的对比实验也表明：揉捻较重的针形、卷曲形茶和揉捻较轻的扁形茶、毛峰形茶相比，滋味得分较低，这与做形时叶组织破损较为严重有关，即茶汁大量外溢，造成茶冲泡时滋味物质的浸出率大，滋味较浓涩，协调性差。

揉捻时是否需要加压以及加压的时机如何掌握也会影响茶叶的造型。如果在加工中揉捻叶过多或者揉捻加压过重、揉捻时间过长则可能导致芽尖的断碎、叶片的破损而影响制率。同时断碎的芽尖在干燥的环节也更容易出现焦烟等问题。

干燥：干燥对于绿茶品质的影响同样表现在审评五项因子的各个方面。干燥温度过高可能导致叶片出现爆点，焦变冒烟。干燥环节历时较长，叶绿素的破坏程度较高，加热过程中短时间内茶叶含水量高，在湿和热的作用下，茶多酚中的黄酮类继续自动氧化，叶色容易黄暗。历史上[1]和现代的生产实践中都非常注意二青叶和三青叶干燥之间的薄摊冷却，主要就是为了防止叶片黄变。

干燥工序对于发挥绿茶香气至关重要。绿茶在干燥过程中，叶片内发生一系列的热裂解反应和酯化反应，香气物质的含量和种类都有显著增加。干燥方式不同，产生的绿茶香气差别较大。烘青绿茶和炒青绿茶相比，香气组分的差异小，但是各香气组分的含量差别较大。

李拥军、施兆鹏等在炒青烘青绿茶香气的对比分析实验中得出结论：从芳香精油总量上看，炒青绿茶要高于烘青绿茶，低级脂肪醇、醛、酯等香气成分上烘青绿茶要高于炒青绿茶，由于采用热风干燥，这些低级脂肪醇挥发逸失的程度，炒青绿茶较之烘青绿茶多，而这类化合物赋予了茶叶清香的特点。萜烯醇和芳香醇等炒青绿茶要高于烘青绿茶，如芳樟醇、橙花醇、香叶醇、苯甲醇等的含量炒青绿茶分别是烘青绿茶的1.82、2.47、1.47、2.81倍。茶叶中的萜烯醇和芳香醇具有花香、果香等特点。炒青绿茶的含氮化合物要显著高于烘青绿茶，在干燥过程中，由于热的作用使得糖和氨基酸或单独反应或相互作用发生美拉德反应生成吡嗪、吡咯、呋喃、糠醛类化合物，这些工艺产物使茶叶表现出人们常说的焦糖香及烘炒香等香气特点。

不少高档优质绿茶的香气常表现出"熟板栗香"，在对"熟板栗香"型的香气特征组分的研究中发现：造成板栗香和其他优质香气区别的特征成分主要有β-紫罗酮和顺茉莉酮，这两者一个表现为水果香、紫罗兰香，另一个表现为木香、茉莉花香、柑桔气味，而且香气强度大，留香持久。这种由中、高沸点香气物质构成的香型需要在干燥过程中有一个高温的阶段。实践也证明"旺火提香"使用恰当时，绿茶的香气浓度和丰富度都会提高，板栗香型的绿茶在高山茶中也比较多见。

对于干燥对茶汤滋味的影响，本书则侧重从不同干燥方式带来的茶汤区别上进行探讨。烘干和炒干的绿茶在干燥阶段，前者受到热风的对流作用达到降低水含

---

[1]罗廪《茶解》：急手炒匀，出之箕上薄摊，用扇扇冷……色如翡翠，若出铛不扇，不免变色。

量、稳定品质的效果，后者则仍然受到外力作用，在降低水含量的同时还在继续做形。实践表明，烘干的茶叶物质的转化不及炒干茶叶充分，烘青的茶汤也就不及炒青的茶汤浓烈。水溶性果胶的浸出又在一定程度上增加了茶汤的厚度，因此炒青茶的滋味与烘青相比往往更加浓爽、醇厚，烘青茶则显得清鲜、甘醇。另外，炒干阶段茶叶继续的受力容易造成茸毛的脱落、干茶表面的平滑以及芽尖的断碎、形状的完整性不佳，烘青茶则容易锋苗完整、茸毫显露、色泽绿翠。不同的干燥方式要根据所制绿茶的风格特征而有所选择，在不少地区的名优绿茶生产中常采用烘炒结合的方式进行干燥，即各取所长。

1. 烘青绿茶与炒青绿茶在品质特征上有何区别？

2. 品种相同的情况下，不同揉捻程度的绿茶在冲泡时需要注意哪些事项？

品种对绿茶品质的影响

茶树的品种是对品质产生重要影响的又一要素。关注品种对于茶叶品质的影响要从茶树品种的外部特征和内含成分的多少与比例来进行研究。

就外部特征而言，树形、姿态、叶片颜色、茸毛含量多少、叶张大小、叶片厚薄、柔软程度、发芽迟早等物理特征决定了该品种的适制性。至于内含成分则要从酚氨比、香气物质、酶学特性等角度进行探讨。

对色泽的影响：鲜叶的有色物质是构成茶叶色泽的基础，主要有叶绿素、胡萝卜素、叶黄素、花青素和黄酮类物质。前三种属脂溶性色素，与干茶色泽和叶底色泽有关。茶树的品种不同，鲜叶内所含的色素比例也有所不同，使鲜叶呈现深绿、黄绿、紫色等不同的颜色。鲜叶的颜色与茶类的适制性有一定的关联。一般而言，深绿色的鲜叶叶绿素含量高，多酚类含量低，如果用来制作绿茶，容易具备"三绿"的特点，这样的品种有鸠坑种、紫阳槠叶种、休宁牛皮种等。深绿色鲜叶如果用来制作红茶，则干茶发色青褐，叶底乌暗，不具有优质红茶的色泽。

当前新的品种不断被培育和发现，有些在外观和内质上具有很强的独特性，现举一两例。安吉白茶是近年来绿茶中出现的比较具有特色的茶叶品种，其适用品种白叶一号是对气温敏感的白化型茶树品种。当春季气温在18～25℃的范围时，茶树新梢嫩芽的叶绿素含量降低，氨基酸含量升高至普通品种的2倍左右。白化期的白叶一号制成干茶色泽鲜润、嫩绿带鹅黄，冲泡后的叶底呈现叶白脉绿的特征，具有滋味鲜醇不苦涩的特点而广受欢迎。但是当春季气温升高，茶叶的叶绿素水平恢复正常后，氨基酸水平也随之恢复常规水平，此时采摘的原料制作出的干茶则不具有嫩绿带鹅黄的特点。由于品种的特殊性而表现出干茶色泽区别于普通绿茶的还有"黄金芽""中黄一号"等品种，鲜叶颜色变黄或变白的机制与白叶一号不同，主要是受到光照的影响所致。

对造型的影响：茶叶的形状与茶树的品种有着密切的关系。茶树品种不同，芽叶形态各异，对此我们可以有针对性地选择适当的加工工艺。叶形小的鲜叶适制形状小巧的龙井、碧螺春、雀舌等；长叶形或柳叶形鲜叶适合做条形茶；制作颗粒形或圆珠形的茶需要使用叶形较圆的鲜叶原料。芽梢的节间长短也是茶树品种的特

征之一，这与制茶的受力大小有关，通常节间短的芽叶耐受力强，节间长的耐受力弱。制作茸毛显露的茶需要选择茸毛含量较高的鲜叶原料，如碧螺春、都匀毛尖、蒙顶甘露等。再如有些茶对于嫩度和茸毛有严格的要求，比如各种银针茶要求芽头肥壮、白毫满布，选择福鼎白毫、乐昌白毫或者其杂交培育的后代品种才能使成品茶具有芽壮且白毫满披的特点。

对滋味的影响：鲜叶中与滋味相关的内含物含量的高低是形成茶汤滋味的物质基础。对绿茶而言，要形成清醇鲜爽的滋味特征，鲜叶中所含的茶多酚、咖啡碱和氨基酸含量高低和比例关系就尤为重要。一般而言，乔木型品种叶片面积较大，往往含有较高的茶多酚，尤其是酯型儿茶素含量较高，而灌木型茶树叶片面积较小，茶多酚含量往往较乔木型低。适制绿茶的品种就以中小叶种、灌木型、茶多酚含量低而氨基酸含量高的品种更为适宜。

人们在长期的实践和研究中发现用酚氨比来衡量茶树品种的适制性具有较强的可参考性。对于灌木型和小乔木型的茶树，春茶的鲜叶酚氨比在4～10的范围内，比较适合制作绿茶。春茶比值超过10、夏茶超过20的则更适合加工红茶。

除了茶多酚、氨基酸和咖啡碱的含量，酚氨比参数、鲜叶的酶活性也会影响到茶树品种的适制性，从而使茶汤滋味有所不同。例如，近年来的生产实践中，一些江北茶区的茶农使用中小叶种在春末夏初进行红茶的加工，成品茶往往带有青气青味，由于发酵不足导致茶汤缺乏红茶应有的甜醇感和红艳度。究其原因，一方面因为茶多酚总量不高，氧化反应的底物有限；另一方面也是因为多酚氧化酶的活性较低，在萎凋和发酵阶段无法催化茶多酚充分氧化，使得成品茶香气和滋味表现不理想。

茶树品种的合理选择不仅能提高茶叶的品质，也能够提高茶叶产量；茶树品种之间的合理搭配还能够有效缓解采制"洪峰"；良种茶树的推广还能够使茶树新梢萌发整齐，增强茶树抗性，提高采茶工效。随着科学技术的进一步发展，不少产茶省的科研院所都对各自的茶树种质资源进行过较为完整的梳理和分析，希望在茶叶的适制性选择方面能够发挥更大的参考作用。目前，在我国建立的国家级茶树种质资源圃有两个：一个是位于浙江省杭州市的中国农业科学院茶叶研究所，主要是搜集整理中小叶种的茶树种质资源；另一个是云南省勐海市的茶叶研究所，主要搜集大叶种的茶树种质资源。

思考

大叶种制成的绿茶与中小叶种制成的绿茶的品质有何区别？

环境对绿茶品质的影响

　　茶树的生长环境以及栽培条件对茶叶品质也会产生极大的影响，在茶叶的审评过程中，许多优质茶叶品质的最终比拼是由茶树的生长环境决定的。

　　生长环境与茶叶色泽：茶叶生长的环境对色泽的影响首先从茶区的纬度谈起。一般讲纬度高的北方茶区，气温较低，鲜叶中叶绿素、蛋白质含量较高，多酚类含量较低，这种鲜叶制作绿茶干茶色泽绿润，汤色、叶底都能有绿亮的效果。

　　海拔不同，也会影响气候条件。海拔的上升与纬度的升高对茶叶品质有相似的影响。出产名优绿茶的一些知名产区往往具有茶山云雾弥漫、降雨充沛、日照时间短而弱、漫射光占优势的特点。由于昼夜温差大，土壤较肥沃，茶树生长正常，叶质柔软，持嫩性好。这种鲜叶制成的绿茶，干茶光泽好，表现出油润或鲜润的感官效果。一般的平地茶园，光照较强，多直射光，气温高，湿度低，叶片的持嫩性就较差，叶片易老化，叶张较硬，纤维素含量高。这种鲜叶制成的绿茶，色泽容易灰枯不活，品质差。

　　光照的强度会对茶叶的色泽产生明显的影响。一般阴山、阴坡光照时间短，湿度高，温度低，土壤中有机质丰富，有利于蛋白质、叶绿素形成，叶质柔软，茶汤清澈而品质好，干茶和叶底的色泽调匀较一致。阳山、阳坡日照强烈，湿度低，温度高，茶叶机械组织发达，易老化。这种鲜叶制成的绿茶容易筋梗显露，叶片枯涩，颜色花杂，对色泽不利。

　　同样，在一年中的春季、夏季和秋季，由于光照、温度、湿度的不同带来茶叶碳、氮代谢快慢的差异，也会产生色泽上的明显差异。春季水湿调和，茶树生长好，芽毫肥壮，嫩叶的上下叶片嫩度接近，绿茶色泽绿润，茶汤绿亮，叶底柔软绿匀。夏季高温炎热，日照强，茶树的碳代谢旺盛，叶绿素合成减少，类胡萝卜素增加，花青素增加，多酚含量升高，芽叶色泽向黄绿和红紫方向发展，紫芽的数量增多。夏季茶树生长快，芽头小，新梢上下叶片的嫩度差异大，制成的干茶容易青绿带暗，叶底多靛青叶。秋季温度高，水湿供应不够均衡，茶树的对夹叶多，正常芽叶少，制成干茶色泽不够调匀一致，叶脉容易隆起，叶肉较薄。在高温炎热的季节，采取适度遮阴的方式，减弱光的强度，对于改善绿茶色泽、降低茶汤的苦涩感

都有一定的效果。从优质高效的角度而言，对于制作名优绿茶的产区，夏、秋季节减少采摘对于茶园留养和保证春茶品质来说都是有意义的。

生长环境与香气：海拔的高低首先造成茶叶香气成分的区别。高海拔茶园中，茶树体内积累的一部分高沸点芳香精油含量更高，这使成品茶的香气表现中无论香气的浓度、香型的丰富度以及香气的持久性都容易有上佳的表现。日本的山西贞教授研究了山区高度与茶叶香气成分的关系，结果表明：高山茶芳樟醇[1]的含量高，而反–2–己烯醛的含量较低。也就是说，日本煎茶，高山茶会比平地绿茶容易出现花香，平地茶则多清香型甚至带青草气。日本学者江口英雄对茶鲜叶蒸青样以及中国的研究者杨勇等人对烘青茶叶高山茶和平地茶的对比中发现：同一栽培区域的高山茶和平地茶在香气组分的构成上没有大的差异，但是高山茶在庚醛[2]和雪松醇[3]的含量上比平地茶高很多。这一实验也就解释了在某些高山茶的香气中不难发现类似果香以及木质香气的"高山风味"。

许多香气独特的名优绿茶均出自高海拔的生态环境中，如黄山毛峰、庐山云雾、齐云山瓜片、华顶云雾等。有些茶园的海拔虽然不高，但是由于纬度、水域分布、土壤条件等与"高山"相类似，微域气候好，绿茶的香气也具有类似高山的特征，如核心产区的西湖龙井。

茶园的土壤条件对茶叶香气的影响主要在于：土壤的疏松透气性和保水能力决定了茶树本身的生长状态；茶园多施有机肥既能改善土壤条件，也能提高香气品质；土壤中所含的部分有效微量元素会对茶叶挥发性香气成分形成带来影响。董迹芬等所做的实验表明：土壤中有效的钾质量分数会影响茶叶挥发性物质的质量分数变化，磷和镁元素也会通过影响芳香物质的合成和促进美拉德反应等方式改善茶叶品质。

生长环境与滋味：生长环境中的高纬度和高海拔带来的直接影响是气温较低，随之而来的茶树的特征是叶片小，叶组织紧密，多酚类含量低，酶的活性减弱，但是叶绿素和蛋白质的含量增高。这种气候条件下假如水汽充沛，则绿茶的滋味品质好。这种气候条件下，雨量充沛，云雾较多，茶树含氮化合物的积累较丰富，带来

---

[1] 芳樟醇：又名沉香醇、伽罗木醇，属单萜烯醇类物质，沸点为199～200℃的无色液体，具有百合花或玉兰花香气，是茶叶中含量较高的香气物质之一。春茶含量高，夏茶最低。宛晓春. 茶叶生物化学（第三版）. 北京：中国农业出版社，2007.
[2] 庚醛：无色油状液体，有类似水果的气味，沸点155℃。
[3] 雪松醇：一种倍半萜烯醇，木质香型，具有温和的杉木芳香，沸点294℃。

滋味上的醇厚和耐冲泡，我国江北茶区的不少优质绿茶都得益于此。一些南方茶树品种在引种到江北茶区，茶树适应环境存活之后，会在滋味的厚度和耐冲泡性方面有提升，这也是很好的例证。

　　季节变迁，茶树的内含成分变化巨大，直接影响到滋味的呈现。早期春茶滋味特别醇厚鲜爽是因为经过冬季休眠期的物质积累，春季气候温和，水分适宜，茶树的氨基酸、果胶含量高，多酚含量低，形成滋味丰富又协调的特征。因此，春季第一轮采摘的细嫩芽叶会带来绿茶良好的滋味表现，之后由于采摘原因，气温升高，多酚含量高，氨基酸、果胶含量下降，制成的绿茶涩度增加，协调感变差。

　　茶园土壤的物理性状影响茶树根系发育。土壤疏松、透气和透水性能良好，有利于根系及土壤有益微生物的发育，加速土壤生物小循环，加快土壤营养富集、贮存和转化利用，从而保证根系对营养物质的吸收，增加滋味呈现的丰富度。另外，在栽培的方面适当地施加有机肥，侧重氮肥的添加，能够帮助绿茶滋味提升鲜醇感。气温升高时适度的遮阴和灌溉能降低多酚物质的合成，使茶树获得更多的水分，增加各种呈味物质含量，都有利于绿茶滋味的提升。

绿茶的审评实验设计

实验一 名优绿茶的认识

1. 实验的目的

认识我国不同茶区的名优绿茶，学习名优绿茶审评方法，体会不同造型、不同产区的绿茶的区别。

2. 实验的内容

按照五项因子评茶法对我国不同产区的名优绿茶进行感官审评，对比分析区别和相似点，撰写评语。

3. 主要仪器设备和材料

不同种类的名优绿茶（审评教学样），茶叶样罐、样盘、通用型审评杯碗、汤勺、天平、计时器、叶底盘、吐茶桶、记录纸等茶叶感官审评全套设备。

4. 操作方法与实验步骤

外形审评：将样罐中的茶样倒入茶样盘中，看茶叶的外形特点，从嫩度、形状、色泽、整碎、净杂的角度去观察和描述。

嫩度主要从含芽量、锋苗的比例和茸毛含量来判断；

形状主要看是否符合该茶类的风格，分辨出是扁形茶、颗粒茶、兰花形或者针形茶等；

色泽主要看干茶的颜色、枯润度、调匀程度；

整碎在于如果茶样能够分出上、中、下三段茶，注意其中的比例，对于脱档或碎茶特多的情况都应注意；

净度侧重茎、梗、片、朴的含量。（绝大多数细嫩绿茶采摘时要求不带鱼叶，但黄山毛峰的象牙色鱼叶属于特殊风格）。

内质审评：参考《茶叶感官审评方法》（GB/T 23776–2009）中名优绿茶的标准，

从干评茶样中取样3.0g，放入容量为150mL的通用型审评杯，冲入100℃沸水至口沿后加盖，计时4分钟后沥汤。看汤色，嗅香气，尝滋味，看叶底。

汤色注重颜色、亮暗程度、清浊状况等。（对于茸毛[1]含量特多的茶，茶汤会有毫浑现象，要注意和茶汤品质不佳的浑浊现象区分开。）

香气审评分三次进行，即按照热嗅辨纯异、温嗅辨浓度类型、冷嗅辨持久度来进行。绿茶香气强调纯正，以偶带花香、嫩香、清香、栗香为优；以淡薄、低沉、粗老为差；有烟焦、霉气者为次品或劣变茶。

茶滋味审评依据汤的浓淡、醇涩、爽钝等特点进行。（要注意浓度大和滋味涩的区别，结合外形特点分析。）

看叶底以原料嫩而芽多、厚而柔软、匀齐明亮的为好，以叶质粗老、硬、薄、花杂、老嫩不一、大小欠匀、色泽不调和为差；色泽以淡绿微黄、鲜明一致为佳，其次是黄绿色，而深绿、暗绿表明品质欠佳。

5. 实验数据记录和处理

各地采集的教学用茶种类不同，可根据实验情况记录实验中绿茶的评语，使用的茶样审评单如表2-2所示

表2-2　茶叶审评

茶　名 Name	外　形 Appearance	汤　色 Liquor Colour	香　气 Aroma	滋　味 Taste	叶　底 Infused Leaf
备注 Note					

检评（Taster）：　　　　　　记录（Recorder）：　　　　　年　月　日

---

[1]茸毛：需要具体品种具体分析，不同品种之间不具有可比性，但品种一致的情况下，通常嫩度越高，茸毛的含量越多。

思考

1. 揉捻的轻重对茶汤滋味有何影响？

2. 不同茶区名优绿茶的风格特点是什么？

实验二　烘青和炒青大宗绿茶的认识和对比

1. 实验的目的

了解烘干和炒干的绿茶在风格上的区别，认识精制后的大宗绿茶等级之间的细微变化。

2. 实验的内容

使用感官审评方法评价不同等级之间的烘青绿茶和炒青绿茶

3. 主要仪器设备和材料

不同等级的烘青教学茶样，不同等级的炒青教学样，茶叶样罐、样盘、通用型审评杯碗、汤勺、天平、计时器、叶底盘、吐茶桶、记录纸等茶叶感官审评全套设备。

4. 操作方法与实验步骤

外形审评：将样罐中的茶样倒入茶样盘中，看茶叶的外形特点，从嫩度、形状、色泽、匀度、净杂的角度去观察和描述。

嫩度是指茶叶原料的生长程度，通常是"原料越嫩，绿茶品质越好"，嫩的原料不仅易于造型，制成的干茶形状优美，而且内含品质成分丰富、协调。嫩度主要从含芽量、锋苗的比例和茸毛含量来判断。不同等级绿茶之间在这些方面或有区别的，通常是嫩绿者优，绿者中，深绿者次；同一色泽类型的绿茶以鲜活、有光泽者优，枯、暗者劣。

色泽反映出制茶原料的优劣、工艺是否合理以及保管是否得当。色泽主要看干茶的颜色、枯润度、调匀程度，注意对比烘青和炒青在色泽上的差别，以及嫩度不同的等级茶之间的色泽差别。

匀整度主要看茶叶的匀齐和完整度。匀齐、完整者优，断碎、大小不匀者次。注意判断烘青和炒青茶匀整度的差异，以及不同等级之间茶叶匀整度的区别。

净度主要看有无茶梗、茶片及非茶叶夹杂物，洁净者优，侧重茎、梗、片、朴的含量。（随着嫩度降低，等级越低的茶所含的粗老叶、梗和茶果越多。）

内质审评：参考《茶叶感官审评方法》（GB/T 23776—2009）中普通绿茶的标准，从干评茶样中取样3.0g，放入容量为150mL的通用型审评杯，冲入100℃沸水至口沿后加盖，计时5分钟后沥汤。看汤色，嗅香气，尝滋味，看叶底。

汤色注重颜色、亮暗程度、清浊状况等。茶汤色泽主要反映制茶原料的优劣，工艺是否合理和变质有无。绿茶汤色类型的优劣依次为嫩绿、绿、深绿、暗绿，即茶汤色泽由浅到深；清澈明亮者优，暗、浑浊者劣；茶碗内无沉淀物者优。

香气审评分三次进行，即按照热嗅辨纯异、温嗅辨浓度类型、冷嗅辨持久度来进行。绿茶的香气主要与茶树品种、生长环境、茶树营养状况以及加工技术等有关。大宗香气类型以嫩香、清香、栗香者优，纯正者次，粗老气、烟、焦、异味者劣；清爽者优，沉闷者劣；新鲜高长者优，陈、霉者劣。

滋味审评依据茶汤的浓淡、醇涩、爽钝等特点进行。鲜嫩爽口、清鲜回甘者优，浓、淡者次，苦、涩者再次之，异味者劣。注意分辨较老原料的茶叶表现的粗老或粗淡的味道，以及烘青绿茶与炒青绿茶在滋味风格上的整体差异。

审评叶底的嫩度、色泽、明暗度和匀齐度（包括嫩度的匀齐度和色泽的匀齐度）。主要反映原料优劣，制茶工艺是否合理。叶底鲜绿明亮、匀齐完整、叶质柔软者优，叶色暗、花杂、断碎、粗老者劣。注意观察叶底与香气滋味之间的关联性，以及烘青绿茶和炒青绿茶叶底颜色的区别等。

5. 实验数据记录和处理

根据实验结果记录评语，审评单同表2–2。

6. 实验结果与分析

烘青与炒青绿茶在干茶外形、色泽、香型、香气持久度以及滋味的特点都有不同，叶底的完整性也有不同。

> **思考**
>
> 烘青细嫩绿茶和炒青细嫩绿茶各适用怎样的冲泡方法？

实验三　对样评茶[1]

1. 实验的目的

学习对照某一特定标准样来评定茶叶的品质。

2. 实验的内容

参照标准样，对审评样进行感官审评并计分，做出判断。

3. 主要仪器设备和材料

评茶标准样（或参照样），审评样，茶叶样罐、样盘、通用型审评杯碗、汤勺、天平、计时器、叶底盘、吐茶桶、记录纸等茶叶感官审评全套设备。

4. 操作方法与实验步骤

外形审评：将参照样和审评样各倒入茶样盘中，看茶叶的外形特点，根据颗粒或条索、匀整度、色泽、净度判断审评样较之参照样属于"高、稍高、相当、稍低、低"五项中的哪一级。

内质审评：参考《茶叶感官审评方法》（GB/T23776-2009）中的相关标准，取样，冲入沸水，计时，沥汤，判断汤色、香气、滋味、叶底方面审评样较之参照样属于"高、较高、稍高、相当、稍低、较低、低"中的哪一级。

为使结果更加准确，评茶时可针对审评样采取双杯制，如发现两杯之间有差异，应泡第三杯或第四杯，直至双杯结果基本一致，以保证对样的可信度。

---

[1] 对样评茶用于产、供、销的交接验收，其评定结果作为产品交换时定级计价的依据，也应用于质量控制和质量监管，其评定结果为交货样是否相符的依据。前者判定价格，后者判定是否合格。

5. 实验数据记录和处理

表2-3　实验数据

与标准样对照	评分	说明
高	+3	差异大，大于或等于1个等，明显好于标准
较高	+2	差异较大，大于或等于1/2个等，好于标准
稍高	+1	有差异，比标准样高1/4等之内
相当	0	和标准样大体相符
稍低	−1	有差异，稍低于标准，在1/4等之内
较低	−2	差异较大，大于或等于1/2个等，低于标准
低	−3	差异大，大于或等于1个等，明显低于标准

对于结果的合格性判定：根据审评结果将八项内容累加进行结果判定。

任何单一审评因子的绝对值为3分者均判不合格。

总得分小于等于−3分或大于等于3分者为不合格。

6. 实验结果与分析

对样评茶在贸易过程中应用广泛，除了合格性判定外，还可以针对五项审评因子进行百分法计分以作为评定等级的参考。

为防止评茶人员的主观片面性，使审评结果更为客观可靠，可采用密码审评，有时把审评样和参照样进行交换，互相对比，衡量对照结果。

实际生活中，可以怎样应用对样评茶？

附　绿茶常用评语

干茶外形评语

细紧：条索细长紧卷而完整，有锋苗。

细嫩：细紧完整，显毫。

卷曲：呈螺旋状或环状卷曲的茶条。

弯曲：条索不直，呈钩状或弓状。

嫩绿：浅绿微黄透明。

黄绿：绿中带黄，绿多黄少。

扁平光滑：茶叶外形扁直平伏，光洁平滑，为优质龙井茶的主要特征。

扁片：粗老的扁形片茶。扁片常出现在扁茶中。

扁瘪：茶叶呈扁形，质地空瘪瘦弱。多见于低档茶与朴片茶。

糙米色：嫩绿微黄的颜色。①用于描述早春杭州狮峰地区生产的特级"西湖龙井"的外形色泽，与茶叶的自然品质有关；②龙井茶在辉锅时因温度过高，使茶叶色泽变黄，人为地形成糙米色，其品质欠佳，带老火或足火的香味。

嫩匀：细嫩，形态大小一致。多用于高档绿茶。也用于叶底审评。

嫩绿：浅绿新鲜，似初生柳叶的颜色，富有生机。为避免重复，对同一只茶审评时，一般不连续使用。也用于汤色、叶底审评。

枯黄：色黄无光泽。多用于粗老绿茶。

枯灰：色泽灰，无光泽。多见于粗老绿茶。常表现色泽枯灰，只能作低档茶拼配使用。

陈暗：色泽失去光泽变暗。多见于陈茶或失风受潮的茶叶。也用于汤色、叶底审评。

肥嫩：芽叶肥，锋苗显露，叶肉丰满不粗老。多用于高档绿茶。也用于叶底审评。

肥壮：芽叶肥大，叶肉厚实，形态丰满。多用于大叶种制成的各类条形茶。也用于叶底审评。

匀净：大小一致，不含梗朴及夹杂物。常用于采、制良好的茶叶。也用于叶底审评。

灰暗：色泽灰暗无彩。如炒青茶失风受潮后，色泽即变灰暗。

灰绿：绿带灰白色。多见于辉炒过分的绿茶。

银灰：茶叶呈浅灰白色，而略带光泽。多用于外形完整的多茸毫，毫中隐绿的高档烘青型或半烘半炒型名优绿茶。

露梗：茶叶中显露茶梗。多见于采摘粗放，外形毛糙带梗的茶叶。

露黄：在嫩茶中含较老的黄色碎片。多用于拣剔不净、老嫩混杂的绿茶。

墨绿：干茶色泽呈深绿色，有光泽。多见于春茶的中档绿茶或炒制中茶锅上油太多所致。

绿润：色绿鲜活，富有光泽。多用于上档绿茶。

短碎：茶条碎断，无锋苗。多因条形茶揉捻或轧切过重所致。

卷曲：茶条呈螺旋状弯曲卷紧。

粗壮：茶身粗大，较重实。多用于叶张较肥大，肉质尚重实的中下档茶。

粗老：茶叶叶质硬，叶脉隆起，已失去萌发时的嫩度。用于各类粗老茶。也用于叶底审评。

毛糙：茶叶外形粗糙，不够光洁。多见于制作粗放之茶，如眉茶精制过程中，不经过辉炒的茶叶，就显得毛糙。

重实：茶叶以手权衡有沉重感。用于嫩度好、条索紧结的上档茶。

松散：外形松而粗大，不成条索。多见于揉捻不足的粗老长条绿茶。

松泡：茶叶外形粗松轻飘。常用于下档条形茶。

茸毫：茶叶表层的茸毛。其数量与品种、嫩度和制茶工艺有关。常见于芽叶肥嫩、多毫的名优绿茶。

老嫩混杂：在同级茶叶或鲜叶中老嫩叶混合和不同级别毛茶官堆不清等而产生。也用于叶底审评。

规格乱：茶叶外形杂乱，缺乏协调一致感。多用于精茶外形大小或长短不一。

花杂：茶叶的外形和叶底色泽杂乱，净度较差。也用于叶底审评。

颗粒：细小而圆紧的茶叶。用于描述绿碎茶形态及颗粒紧结重实的茶叶。

身骨：描述茶叶质地的轻重。茶叶身骨重实，质地良好；身骨轻飘，则较差。身骨的轻重取决于茶叶的老嫩，"嫩者重，老者轻"。

上段茶：也称"面张茶"。同一批的茶中体形较大的茶叶。在眉茶中通常将通过筛孔，孔数[1]4～5孔茶称为上段茶。

下段茶：同一批茶叶中体形较小的部分。通常指10孔以下的茶叶。

中段茶：茶身大小介于上段与下段茶之间，通常指6～8孔茶。

起霜：绿茶表面光洁，带有银灰色光泽。用于经辉炒磨光的精制茶。

夹杂物：混杂在茶叶中无饮用价值的非茶类物质，如泥沙、木屑、铁丝及其他植物枝叶等。

焦斑：在干茶外形和叶底中呈现的烤伤痕迹。常见于炒干温度过高的炒青绿茶或杀青温度过高的制品。也用于叶底审评。

黄头：外形术语。色泽发黄，粗老的圆头茶。

轻飘（飘薄）：质地轻、瘦薄、容量小。常用于粗老茶或被风选机吹出茶。

爆点：绿茶上被烫焦的斑点。常见于杀青和炒干过程中锅温过高，叶表的被烫焦成鱼眼状的小斑点。

汤色评语

浅黄：色黄而浅，亦称淡黄色。

浅绿：色淡绿而微黄，是绿茶较佳的汤色表现。

黄绿：色泽绿中带黄，有新鲜感。多用于中高档绿茶汤色。也用于叶底审评描述。

黄亮：颜色黄而明亮。多见于香气纯正，滋味醇厚的上中档绿茶或存放时间较长的名优绿茶汤色。也用于叶底审评描述。

嫩黄：浅黄色。多用于干燥工序火温较高或不太新鲜的高档绿茶汤色。也用于叶底审评描述。

橙黄：汤色黄中微泛红，似枯黄或杏黄色。

红汤：汤色发红，失去绿茶应有的汤色，多因制作技术不当所致或陈茶。

黄暗：汤色黄显暗。

青暗：汤色泛青，无光泽，是加工或采摘原料不佳的表现。

泛红：发红而缺乏光泽。多见于杀青温度过低或鲜叶堆积过久，茶多酚产生

---

[1]孔数：也叫目数，指每平方英寸上的孔数目，目数越大，孔径越小。如10孔以下指可以通过10孔筛网的粉末。

酶促氧化的绿茶汤色。也用于叶底审评描述。

浅薄：汤色浅淡，茶汤中水溶物质含量较少，浓度低。

浑浊：茶汤中有较多的悬乳物，透明度差。多见于揉捻过度或酸、馊等不洁净的劣质茶茶汤。

起釉：指不溶于茶汤而在表面飘浮的一层油状薄膜。多见于粗老茶表层含蜡质和灰尘多，或泡茶用水含三价铁多，水的pH值大于7。

香气评语

馥郁：香气鲜浓而持久，具有特殊花果的香味。

高爽持久：茶香饱满而持久，浓而高爽，有强烈的刺激感。

鲜嫩：具有新鲜悦鼻的嫩茶香气。

清高：清香高爽而持久。

清香：香气清纯爽快，香虽不高，但很幽雅，是较常见的细嫩绿茶香气。

花香：香气鲜锐，似鲜花香气。

栗香：似熟栗子香，强烈持久，是较细嫩原料良好工艺常见的香气表现。

高火香：炒黄豆似的香气。干燥过程中温度偏高制成的茶叶，常具有高火香。

纯正：香气正常、纯正。表明茶香既无突出的优点，也无明显的缺点，用于中档茶的香气评语。

粗青气（味）：粗老的青草气（味）。多用于杀青不透的下档绿茶。也用于滋味审评。

焦糖气：足火茶特有的糖香。多因干燥温度过高，茶叶内所含成分开始轻度焦化所致。

粗老气（味）：茶叶因粗老而表现的内质特征。多用于各类低档茶，一般四级以下的茶叶，带有不同程度的粗老气（味）。也用于滋味审评。

烟焦气（味）：茶叶被烧灼但未完全炭化所产生的味道。多见于杀青温度过高，部分叶片被烧灼释放出的烟焦气味被在制茶叶吸收所致。也用于滋味审评。

纯和：香气纯而正常，但不高。

火香：焦糖香。多因茶叶在干燥过程中烘、炒温度偏高造成。在不同的茶叶销区，"火香"的褒贬含义不同，如山东一带认为稍有火香的绿茶香气好，而江、浙、沪地区则相反。

水闷气（味）：陈闷沤熟的不愉快气味。常见于雨水叶或揉捻叶堆积、不及时干燥等原因造成。也用于滋味审评。

焦气（味）：茶叶异味。鲜叶在高温下快速失去水分变焦化时产生的异味，见于炒干温度过高的绿茶。审评中也常可见已变硬变黑的叶底。也用于滋味审评。

生青：如青草的生腥气味。因制茶过程中鲜叶内含物缺少必要的转化而产生。多见于夏秋季的粗老鲜叶用滚筒杀青机所制的绿茶。也用于滋味审评。

平和：香味不浓，但无粗老气味。多见于低档茶。也用于滋味审评。

青气：成品茶带有青草或鲜叶的气息。多见于夏秋季杀青不透的下档绿茶。

老火：焦糖香、味。常因茶叶在干燥过程中温度过高，使部分碳水化合物转化产生。也用于滋味审评。

足火香：茶叶香气中稍带焦糖香。常见于干燥温度较高的制品。

陈闷：香气失鲜，不爽。常见于绿茶初制作业不及时或工序不当。如二青叶摊放时间过长的制品。

陈熟：指香气、滋味不新鲜，叶底失去光泽。多见于制作不当、保存时间过长或保存方法不当的绿茶。

陈霉气：茶叶霉变而产生的气味。多见于含水率大于10%，又处在适合霉菌生长的环境的绿茶，在绿茶中出现陈霉气味，为次品劣变茶。也用于滋味审评。

陈气（味）：香气滋味不新鲜。多见于存放时间过长或失风受潮的茶叶。也用于滋味审评。

钝熟：香气、滋味术语。茶叶香气、滋味缺乏鲜爽感。多用于存放时间过长，失风受潮的绿茶。

滋味评语

浓烈：味浓不苦，收敛性强，回味甘爽。

鲜浓：口味浓厚而鲜爽，含香有活力。

鲜爽：鲜洁爽口，有活力。

醇厚：汤味尚浓，有刺激性，回味略甜。

醇和：汤味欠浓，鲜味不足，但无粗杂味，较正常。

熟闷味：滋味熟软，沉闷不快。多见于失风受潮的名优绿茶。

生味：因鲜叶内含物在制茶过程中转化不够而显生涩味。多见于杀青不透的绿茶。

生涩：味道生青涩口。夏秋季的绿茶如杀青不匀透，或以花青素含量高的紫芽种鲜叶为原料等，都会产生生涩的滋味。

浓涩：味道浓而涩口。多用于夏秋季生产的绿茶。杀青不足，半生不熟的绿茶，滋味大多呈浓涩，品质较差。

粽叶味：一种似经蒸煮的粽叶所带的熟闷味。多见于杀青时间长，且加盖不透气的制品。

收敛性：茶汤入口后，口腔有收紧感。

味淡：由于水浸出物含量低，茶汤味道淡薄。多见于粗老茶。如用修剪所得枝叶制得的茶叶一般味很淡。

苦涩：茶汤味道既苦又涩。多见于夏秋季制作的大叶种绿茶。

青涩：味生青，涩而不醇。常用于杀青不透的夏秋季绿茶。

味浓：茶汤味道浓，口感刺激性强。多用于夏秋季大叶种绿茶。但味浓对绿茶而言不一定是好茶，尤其是名优绿茶，忌滋味过浓。

走味：茶叶失去原有的新鲜滋味。多见于陈茶和失风受潮的茶叶。

苦味：味苦似黄连。被真菌危害的病叶，如白星病或赤星病叶片制成的茶带苦味；个别品种的茶叶滋味也具有苦味的特性；用紫色芽叶加工的茶叶，因花青素含量高，也易出现苦味。

味鲜：味道鲜美，茶汤香味协调，多见于高档绿茶。

火味：干燥工序中锅温或烘温太高，使茶叶中部分有机物转化而产生似炒熟黄豆味。

粗淡（薄）：茶味粗老淡薄。多用于低档茶，如"三角片"茶，香气粗青，滋味粗淡。

粗涩：滋味粗青涩口。多用于夏秋季的低档茶，如夏季的五级炒青茶，香气粗糙，滋味粗涩。

叶底评语

翠绿：色绿如青梅，鲜亮悦目。

嫩绿：叶质细嫩，色泽浅绿微黄，明亮度好。

黄绿：绿中带黄，亮度尚好。

青绿：色绿似冬青叶，欠明亮。（可能为采摘雨水叶所致。）

靛青：又称"靛蓝"。冲泡后的茶叶呈蓝绿色。多见于用含花青素较多的紫芽种所制的绿茶，汤色浅灰、香气偏生青、味浓涩的夏茶比春茶更多见。

红梗：绿茶叶底的梗红变，可能为杀青时升温过慢所致。

红叶：绿茶叶底的叶肉红变，可能由于鲜叶没有及时付制，导致红变所致。

单薄：叶张瘦薄。多用于生长势欠佳的小叶种鲜叶制成的条形茶。

叶张粗大：大而偏老的单片、对夹叶。常见于粗老茶的叶底。

芽叶成朵：芽叶细嫩而完整相连。

生熟不匀：鲜叶老嫩混杂、杀青程度不匀的叶底表现，如在绿茶叶底中存在的红梗红叶、青张与焦边。

青暗：色暗绿，无光泽。多见于夏秋季的粗老绿茶。

青张：叶底中夹杂色深较老的青片。多见于制茶粗放、杀青欠匀欠透、老嫩叶混杂、揉捻不足的绿茶制品。

青褐：色暗褐泛青。一般用于描述下档绿茶。

花青：叶底红里夹青。多见于用含花青素较多的紫芽种制成的绿茶。

瘦小：芽叶单薄细小。多用于施肥不足或受冻后缺乏生长力的芽叶制品。

摊张：摊开的粗老叶片。多用于低档毛茶。

黄熟：色泽黄而亮度不足。多用于茶叶含水率偏高、存放时间长或制作中闷蒸和干燥时间过长以及脱镁叶绿素较多的高档绿茶的叶底色泽。

焦边：也称烧边。叶片边缘已炭化发黑。多见于杀青温度过高，叶片边缘被灼烧后的制品叶底。

舒展：冲泡后的茶叶自然展开。制茶工艺正常的新茶，其叶底多呈现舒展状；若制茶中温度过高使果胶类物质凝固或存放过久的陈茶，叶底多数不舒展。

露筋：茶梗及叶脉因揉捻不当，皮层破裂，露出木质部。

绿茶的品鉴——不同造型绿茶的冲泡体验

冲泡体验一

茶名：西湖龙井(手工龙井，产地：杭州西湖区满觉陇)。

用水：虎跑冷泉。

冲泡器皿组合：豆青色瓷盖碗、豆青色公道盅、同色系马蹄杯，茶水比约1:40。

时间：清明(龙井茶第一轮新叶采制于3月下旬，如果采群体种则时间略晚，加工完成后，依照杭州旧俗应放入石灰缸"收灰"，完成茶叶的后熟过程，周期为十天或半月不等)。

冲泡流程：沸水烫盖碗、公道盅、品茗杯；沸水静置2～3分钟待用；凉汤的同时置茶于盖碗。沸水温度有所下降后加少量水浸润茶叶(此时可以热嗅辨别到干茶的香气)，旋转盖碗使茶叶充分接触水(龙井茶造型扁平挺直，表面积大，容易浮于水面，需要充分浸润保证内含物的浸出)；待茶叶浸润充分时，将水加至盖碗接近口沿处(可使用凤凰三点头，也可定点注水，

●西湖龙井冲泡方案

重点在于茶叶在水中的翻滚，使茶汤浸出速度加快）；盖碗中80%茶叶已经下降时，沥汤于公道盅，分茶汤入品茗杯。

品鉴：产于核心产区的手工西湖龙井，造型挺直平伏，香气馥郁而滋味醇和回甘，具有嫩香、清香及兰花香复合的香气，汤色杏绿而清澈明亮，品赏之际既有江南儒雅之气质，又有君子端方之风度。若投茶入玻璃杯，固然通透见底，但玻璃材质容易散热，香气存留不久，且茶水不分，时久则涩，终难不先不后。

另外，好茶不易得，冲泡时自然有起承转合之妙，使用内壁为白色的瓷器盖碗和品杯便于观汤色、尝滋味。

冲泡体验二

茶名：太平猴魁（产地：安徽黄山新明乡）。

用水：娃哈哈纯净水。

冲泡器皿组合：仿定窑印花碗、分茶汤匙、月白品茗杯，茶水比约1:50。

时间：立夏（太平猴魁用柿大叶种，选用一芽二叶，徽州山中春晚，猴坑新茗晚于江南）。

冲泡流程：沸水温碗、温杯待用；置茶于碗，待水温略降或注水于长流汤瓶凉汤备用；汤瓶注水至碗壁略没过猴魁，待猴魁稍浸润时，徐徐沿碗壁加水至七分碗满；猴魁成型受力极轻，出汤颇慢，茶汤不易浓，需等4～5分钟汤色变浅绿时，汤匙分汤入品茗杯。

品鉴：猴魁两叶抱一芽呈玉兰花形，色泽绿翠鲜润，形状硕大易断，需放入宽敞容器冲泡为宜。猴魁香气清鲜而味甘和，水温不宜过高，阔口茶碗免使茶叶有熟汤味。定窑印花碗颜色外绛紫内牙白，利于观察汤色之变化，伺机分汤。

另外，一泡未尽，可再续沸水入碗，滋味得再三较量，呼吸间齿颊留香。

●太平猴魁冲泡方案

冲泡体验三

茶名：洞庭碧螺春（产地：苏州吴中区太湖洞庭东山、西山）。

用水：娃哈哈纯净水。

冲泡器皿组合：韩式青白瓷公道碗、同色系品茗杯、杯托，茶水比1∶50。

时间：谷雨（洞庭碧螺春采摘细嫩，做工讲究，茸毫成团，新茶色泽鲜润，历久则易黄，谷雨时节听雨敲檐品新茶，赏心乐事）。

冲泡流程：沸水烫洗青白瓷公道碗、品茗杯；注水入公道碗约八分满，凉汤3~5分钟待用；置茶入汤，待茶叶清徐落入碗底，芽叶舒展，茶汤颜色逐渐变浅绿；将公道碗中茶汤分入杯中品饮。

品鉴：洞庭碧螺春造型卷曲成螺，茸毛丰富，条索细嫩，冲泡时水温不宜过高，水流冲力不宜过大，否则茶汤易浓、易毫浑。选上投法，置茶于敞口公道碗，取其茶汤易凉之便。青白瓷公道碗底色清白，汤色叶底也可细辨分明。公道碗分汤断水爽快，杯中佳茗自然清鲜醇爽、馥郁回甘。

●洞庭碧螺春冲泡方案

闲时茶话之一

斯须炒成满室香，青溪流水暮潺潺[1]

读书的时代被安排去茶厂做茶，这在学茶人里面不稀奇，可是当我们去到余杭径山镇一个叫潘板的小地方时，还是因为这里在千年之前是陆羽种茶著书的地方而小小惊喜。

清明到谷雨的时节，凡是没有下雨的日子，都要到茶园中采茶。制作绿茶，原料的嫩度是品质的重要保证。初展的鲜叶嫩芽不能掐不能折，只能用腕力顺势轻轻扭断，这样制作出的茶叶蒂头才不会发黑。究其缘由主要是茶叶中的茶多酚在受到外力损伤时会和多酚氧化酶接触，一经酶促反应，就会有暗褐色的邻醌类物质生成，讲起来枯燥乏味，但你若把它们想象成生物的自我保护就会有趣很多。茶叶受到外力的伤害，细胞就会破损，原本分布在不同细胞器内的茶多酚和多酚氧化酶才能接触并发生酶促氧化，生成的物质可以抑菌、可以消炎，受损愈严重，反应愈强烈。这种奇妙的自我保护在生物界比比皆是，不独植物如此。如果用手指去掐，掐断的部分后来就会变成黑色，和人受伤时愈合的伤疤一样。

经过千百次练习之后，采茶的手法自然纯熟，一眼望去，目光所及全是待采的芽叶。唐代袁高《茶山诗》里所写的"终朝不盈掬，手足皆鳞皴"，并不是一句夸张的描述，若要人工采摘芽叶一致又细嫩，自然是效率低下的，可对茶叶的爱惜敬畏之心也由此而生。手指、手腕数万次的翻飞，采摘的若只说是天地的精华是不全面的，每个动作里隐藏的细微用心会变成茶叶匀整的姿态、一致的香气、融合的味道。虽然茶叶制作的机械化在全世界范围是大势所趋，但是以手工的方式采摘绿茶的鲜叶，不仅是为了保证原料的匀整和细嫩，某种程度上也让人真正体会到了与自然的融合。丘陵坡地上的茶树，在晨雾暮霭中长大，在水汽氤氲中润泽，在花草的清新气息中被手指所触，茶叶就是联系天、地、人的纽带。

采回的鲜叶要经历摊放的过程，这在茶叶的制作中自然有多重的目的，而在

---

[1]斯须一句，语出刘禹锡《西山兰若试茶歌》，原诗见于《全唐诗》。青溪一句，出自灵一《与元居士青山潭饮茶》，见于《全唐诗》。

●绿茶鲜叶

爱茶者的感性目光看来，这是茶叶在经历磨难和升华之前的短暂准备。准备的时间有长有短，但若缺失这一过程，茶叶终究不能如人所愿散发迷人的香气和滋味。青草气渐渐透发，水分稍许散失，茶叶细胞的透性增加，蛋白质悄然水解，这些都为之后绿茶鲜爽的香气与醇和的滋味打下伏笔。

　　绿茶加工时，首道环节叫作杀青，不是电影结束的那个意思。这个词汇意味着用高温钝化一部分酶的活性，使茶叶拥有鲜嫩的绿色，茶叶中的多酚类物质被最大限度地保留原始状态，从而使绿茶具备汤清叶绿的特征。可是，真正身临其境做茶时才发现，杀青的过程产生的效果远不止此。首先是水分的散发，茶叶的体积逐渐缩小；然后青气散发，清香才好慢慢显露；杀青的好坏是决定绿茶品质的基础。做茶师傅们常说"嫩叶老杀，老叶嫩杀"，这句话是指导做茶的口诀，但具体到每一堆鲜叶下锅，时间和火候的掌握就需要经验的积累，某种程度上也是中国人随机应变的传统智慧的反映。

　　杀青后的茶叶要经历造型的过程。中国之大，茶叶花色千奇百怪，很多茶名也是依照造型而定的。不同的形状经由机器或手工用心制成，或如扁平之碗钉，又如兰花之初绽，既有松针之细紧，也有圆润赛珍珠。做成不同的姿态固然为了赏玩时赏心悦目，同时也为了挤压出茶汁，让茶叶凝聚的那些美好在未来的水中徐徐释放。曾见友人文章中有茶在沸水中煎熬终于把水变成了茶汤一说，可我想说的是：

●绿茶杀青

这样的能量其实首先来自于早先揉捻的考验吧！

这些过程完成之后才是重头戏——干燥登场了。像一篇好的文章讲究起承转合一样，茶叶的制作也有着某种旋律般的节奏感，干燥的过程就是制茶这部乐章的高潮部分。水分最终在干燥中透发完全，形状也在不同手法的干燥中完美定型，香气在缓慢变化中显露和成熟，滋味也在看似停停走走中变得丰富和饱满。以"行百里者半九十"的慎重态度来对待干燥的过程一点也不过分，这样的过程决定了香气的类型、滋味的好坏，甚至茶叶能够存放多久。但这一过程也是茶叶对于制茶人的馈赠盛宴，每每此时，工厂或作坊里到处弥漫着茶香，而这种香气带来的愉悦也像是被编制了某种密码一样，在之后的某个时刻被喝茶人解密，时间和空间上的阻隔就在熟悉的气味中消弭了。

不用做茶的日子里，人是自在的。在溪水边钓鱼，竹林里散步，或者走到不远处的双溪边听听水声，日子过得简单而又缓慢，心境也变得安宁和清净起来，这是茶给我们的又一重馈赠。因为做茶的工厂地处偏僻，彼时网络还没有发达，电子娱乐也少得可怜，人也就被迫沉静和专注起来。能够专注于茶，或者与自己对话，日子也就过得有了修行的味道。遥想千余年前的陆鸿渐，在这样的地方结庐著书、取水品茗或许并非平白无故。

少时读书，读到《陆文学自传》有云："结庐于苕溪[1]之滨，闭关对书，不杂非类，名僧高士，谈讌永日。常扁舟往来山寺，随身唯纱巾、藤鞋、短褐、犊鼻[2]。往往独行野中，诵佛经，吟古诗，杖击林木，手弄流水，夷犹徘徊，自曙达暮，至日黑兴尽，号泣而归。""独行野中，杖击林木"这样的情景不难理解，甚至竹林漫步时也偶尔效仿。但对于"日黑兴尽，号泣而归"的形状在少年人眼中就只视作名士放诞了。时至今日，仿佛隐约明白：独行于青溪流水间，暮霭沉沉，茶叶带给人们的心地澄明在此刻直化作了清醒的孤独，号泣而归也就是顺理成章的事了。

●杯中天地宽

---

[1] 苕溪：水名。苕溪在浙江省北部，浙江八大水系之一，由于流域内沿河各地盛长芦苇，进入秋天，芦花飘散水上如飞雪，引人注目，当地居民称芦花为"苕"，故名苕溪。

[2] 藤鞋：葛藤编织的鞋。短褐：粗布制成的短衣。犊鼻：即犊鼻裤，围裙，或谓短裤。

闲时茶话之二

西湖雅韵——关于青春和爱情的圆满

一直认为关于西湖、关于龙井是有些青春和爱情的话题要说的，只是珠玉在前，精彩的故事太多，白娘子、苏小小、梁祝，这些已经足够脍炙人口的故事，再去赘述难免落俗。我能讲的是我自己因了龙井茶、借了西湖景而成就的一段青春和爱情心路的圆满。

2009年的春天，我所在的学校接受了一项参加第六届全国民族茶艺茶道比赛的邀请。为了这场千里之外的比赛，师生团队专门创作了一个茶艺的节目，名为《西湖雅韵》。我本意是找个借口随了队伍一同去云南，正好借机看茶，但要求同去总不能不承担任何责任，于是就谋了文案创作兼解说一职。谁想参与起来却越做越起劲，后来俨然成了主创人员之一，自己的想法也越来越多地融入节目之中。

这段节目意在表现汉族之儒雅有节，吴越文士外冷而内热的性格，又兼男女两人冲泡西湖龙井，不免带有青春和爱情的味道。形式上是以男女主泡分设两席冲

●水光潋滟

泡龙井茶，一席用青瓷壶盏，一席用玻璃杯和黑釉水注。另有助手两人着白蓝两色汉服、戴面具、和节拍而动，意在表现吴越文士外表的宁静与内心的激荡。奉茶时，助手两人就摘掉了面具，以青春之容颜奉上青春的茶。

茶叶之于爱情的诠释，见微知著，我几乎用上了整个青春时代对爱情的憧憬：

> 君似湖中水，
> 侬若水心花。
> 龙泓[1]边倒影成双，
> 分明偕采新茶。

少年人青梅竹马，相约踏青采茶，晴空潋滟，龙泓映出双双倒影，这些是真实的记忆还是曾经的梦想已经分不太清了。只记得许多年前的春天，第一次来杭州小住，在钱塘江边的五云山上，清晨时分站在半山腰看江景时，一边也能看见旁边的小山上三三两两的采茶人。以私心揣度，那里或许就有青春年少的小情侣，又或者他们更会喜欢龙井边清幽的风景吧！

> 君单衫结绿，
> 侬双鬟如鸦。
> 唯盼吃茶之日，
> 含英咀嚼芳华。

青春少艾不必细细描画也知是美的，影

●青春容颜

---

[1] 龙井泉本名龙泓，又名龙湫，位于浙江杭州市西湖西、面凤篁岭上，是一个裸露型岩溶泉，是以泉名井，又以井名村。龙泓泉，历史悠久。龙井泉由于大旱不涸，古人以为与大海相通，有神龙潜居，所以名其为龙井。又被人们誉为"天下第三泉"。

●吃茶之约

绰绰看去就只是飘逸的衣带和如云的鬓发，像园中的春茶，望过去尽是一片嫩绿，无须细数嫩的叶、新的芽！

吃茶之约就算是芳心暗许了吧！江南一带自来有"吃茶"即约为婚姻之意的习俗，女子受聘谓之"吃茶"，《红楼梦》中也有王熙凤打趣林黛玉说："你既吃了我家茶，还不与我家做媳妇？"清代郑板桥的《竹枝词》对于"吃茶"一事写得最是精彩："溢江江口是奴家，郎若闲时来吃茶。黄土筑墙茅盖屋，门前一树紫荆花。"

> 虎跑泉中水，
> 狮峰顶上茶。
> 毓天地之灵秀，
> 得山水之精华。
> 西湖美景无限，
> 钱塘自古繁华。
> 馥郁是侬气息，
> 醇和似君儒雅。

虎跑水、龙井茶堪称"双绝"，天地灵秀所钟不独茶叶，江南的人物想来也是得了眷顾的。龙井的香气，栗香之外还有嫩香，嫩香之外又有清香，层次丰富，馥郁持久，好比女子气韵生动；龙井的滋味醇和回甘，犹如谦谦君子，不偏不倚，温润儒雅。这一席的泡茶男子，着绿衫，弄青瓷，席边插了大朵的荷花，好不倜傥儒雅！

　　执子之手，与子偕老。假如之后的岁月都是琴瑟和鸣，画眉深浅，爱情似乎也会平淡和模糊起来。所以生活带给我们的多是相聚后的离别，相思中期望的相守！

> 人间因缘聚散，
> 自有悲欢。
> 而今独上兰舟，
> 采莲在平湖秋。
> 低头弄莲子，
> 莲子青如水。
> 杯中起舞的绿色花朵啊！
> 我心中相思君知否？

●南风知我意

秋风渐起，采莲于湖上的女子莫不是相思难遣？杯中茶凉，尝到的怕不是苦涩难耐？从春天到秋天，从年少到年长，西湖边上演过多少幕相似的故事，大约只有湖上的明月知晓。于是，这一席的泡茶女子就着黄衫、盘发髻，杯盏边放着几枝干了的莲蓬，形容上些许像新嫁了周郎的小乔。

记得那时我们这队人到达云南比赛时，"小乔"需要寻觅化妆师来定妆，误打误撞间找到了一位婚纱影楼的女化妆师。她似乎很快就明白了我们想要表达的意图，带着职业的尊严给"小乔"细细装扮，全然不去理会旁边等待着的待嫁娇娘们，装扮出来后，人人为之惊艳！那"小乔"的眉宇间既有娇羞又有思念，或许只有明白其中滋味的人才画得出这般神韵。可惜后来返回浙江再表演这档节目时，无论什么样的影楼、化妆师，竟再也没有画出如那边陲小城的女老板手下一般动人的"小乔"。

> 明月映着天高，
> 湖水荡漾深绿。
> 若南风知我心意，
> 送茶香去往西洲。
> 百无聊赖间，
> 再弹一曲长相守。
> 百无聊赖间，
> 再弹一曲长相守。

斯须间茶已泡好，交由两名助手奉上茶来，带了半晌的面具也该揭开了。很多年前有一部极唯美的电视剧《大明宫词》，里面有一个镜头在我的记忆中永远也抹不去：少女太平揭开昆仑奴面具的时候，面具下是俊美的薛绍如春风般的笑容。于是在我的定义里，一见钟情就是揭开面具的那一刹，你刚好笑如春风，而我就呆在当场！

相思之意说到尽处只好寄托琴音，这琴曲指的也就是太平的故事里反复弹奏的《长相守》。这一节反复咏叹，仿佛才能平伏百感交集的心绪。这一幕文案写完，我对青春与爱情的纠结也好像就此找到了安放之所，走了许多年的心路总算圆满了。

第三章

红茶的审评与品鉴

——群芳最[1]

红茶茶汤

红茶与绿茶的加工工艺原理截然相反。如果说绿茶是最大限度地保留清汤绿叶，使茶多酚类物质尽可能维持原状，避免在加工过程中出现氧化的话，那么红茶则是通过人为的外力破损，使茶多酚与它的氧化酶尽可能接触并发生氧化反应，形成茶黄素、茶红素和茶褐素等产物。红茶具有汤色红艳明亮，香气高爽鲜甜，滋味甜醇的特点，是国际市场上的主流消费茶类。红茶由于其良好的包容性，在饮用方式上有清饮、调饮、冰饮、煮饮、泡沫红茶等多种形式。红茶从亚洲传播到欧洲，又从欧洲发展到非洲和美洲，成为产销量和种植面积最大的茶类，正如祁门红茶在巴拿马万国博览会获奖时得到的评价一样：红茶之美艳堪称群芳之最。

---

[1] 群芳最：语出"祁红特绝群芳最，清誉高香不二门"，为祁门红茶获得1915年巴拿马万国博览会金奖时所得盛誉，用指代优质红茶。

中国红茶的分类与特征

红茶是流行于国际市场的主要饮用茶类，已经有300多年的生产历史，是当前产区最广、产销量最大的茶类。

红茶起源的确切时间已经很难考证，从成书于明朝中期的《多能鄙事》的记载来看：17世纪中叶，在福建崇安首创小种红茶制法。红茶经由海、陆两条通道运往欧洲，出现在欧洲皇室的餐桌上，以其独特的魅力迅速风靡欧洲市场。清代刘靖撰写的《片刻余闲集》中记述："山中第九曲尽出有星村镇，为行家萃聚。外有本省邵武、江西广信等处所产之茶，黑色红汤，土名江西乌，皆私售于星村各行。"这种出自闽北、江西交界地的黑色土茶在17世纪由荷兰人带入欧洲并进入上流社会。由于经过特别的加工过程，所以其具有的独特的松烟香气备受喜爱。这正是世界红茶的鼻祖——正山小种。

正山小种外形条索粗壮而色泽乌黑，汤色呈深金红色，香气纯正带有悦鼻的松烟香，滋味醇和甜润带有松烟味，接近桂圆汤的风味，叶底肥壮红匀而明亮。在计划经济时代，外销的正山小种更强调松烟风味的表达，香气和滋味的松烟特征明显，精制过程完善而讲究。成品茶经过筛分、切短、风选和复火等精制过程，干茶的条索紧结圆直而长短一致，没有完整的芽叶。

从正山小种红茶创制以后，以其工序为基础，到了18世纪又发展出工夫红茶的制法，这可从清代董天工《武夷山志》记载的"工夫""小种"的茶名中得到印证。1875年，安徽人余干臣从福建罢官回乡，将福建红茶的制法带去祁门，创制成功祁门红茶，开启了我国生产工夫红茶的历史。之后，工夫红茶的制法又传至湖南、湖北、云南等地，1952年滇红工夫正式推广生产。工夫红茶是我国传统的红茶种类，也更适合国人清饮的饮茶习惯。在一定的历史时期内，各地区都有独具地方特色的工夫红茶，诸如祁红工夫、闽红工夫、滇红工夫、宁红工夫、川红工夫、粤红工夫（英红、海南红茶）、台湾工夫（日月潭红茶）等。

工夫红茶的"工夫"二字主要体现在加工过程中对于造型的精心塑造，不仅包括初制过程中揉捻工序的精心打造，更在于在精制环节对造型的繁复整理与重塑。因此，工夫红茶外形紧细匀直，色泽乌润，汤色红艳或红亮，香气馥郁持久，滋味鲜醇回甘，叶底柔软红亮。

20世纪开始，印度等国开始发展将茶鲜叶切碎加工的红碎茶，其产销量逐渐增加，成为世界茶叶贸易的主流。1953年我国在云南开始生产切细红茶，1957年生产红碎茶，并逐渐按照国际红茶分类进行精加工。1992年我国开始制定针对不同地理位置、不同品种的红碎茶标准，目前已经更迭为GB/T 13738.1—2008。标准将我国的红碎茶分为大叶种红碎茶和中小叶种红碎茶两类，每个分类中又细分为碎、片、末茶等不同的花色。

对于国际茶叶市场的主流——红碎茶而言，浓、强、鲜是其突出的特征。在我国大叶种制成的红碎茶与中小叶种制成的红碎茶风格各有不同。大叶种更突出浓强而鲜爽的风格，中小叶种的红碎茶则体现鲜爽而较浓厚的特点，品种的差异在汤色、滋味的刺激感、香气类型和浓度、叶底色泽方面都会带来较大的不同。

红茶品质的基本特征如表3-1所示。

表3-1　红茶品质基本特征

	条索	色泽	汤色	香气	滋味	叶底
工夫红茶	紧细匀直	乌润	红艳	馥郁持久	鲜醇回甘	红亮
小种红茶	紧结圆直	乌黑油润	红亮	纯、松烟香	浓而爽口	肥壮红匀明亮
红碎茶	颗粒紧细	鲜润	红亮	鲜、浓	鲜爽浓烈收敛强	红亮匀碎

各地区工夫红茶由于品种不同，加工工艺千差万别，以及茶区的生态环境之间也有差异，所以在茶叶品质风格上表现出不同的特点。同时，由于加工工艺之间的相互借鉴，地域接近的工夫红茶或者区域之间互引良种的茶叶之间也存在一定的相似性。20个世纪八九十年代以来，由于红茶外销势颓，部分地区的红茶生产一度出现停滞或改制，近年来随着红茶的又一轮流行，各地区的红茶生产又表现出繁荣的景象。现将部分地区工夫红茶的品质特征陈述如表3-2所示。

表3-2　不同产地工夫红茶品质特征

	产地	外形	汤色	香气	滋味	叶底
祁红工夫	安徽祁门	条索细紧稍弯曲，锋苗好，乌润	深红明亮	似蜜糖香，持久（祁门香）	鲜醇带甜	红匀明亮
滇红工夫	云南凤庆、云县	条索肥壮紧结，乌润带金毫	红艳明亮	浓郁，有品种香	浓厚而刺激性强	肥厚柔软红明
宁红工夫	江西修水	紧结有红筋，稍短碎，色泽带灰红	红亮稍浅	清鲜	尚浓略甜	匀齐
粤红工夫	广东英德	条索肥壮紧结，乌润稍带灰光	红艳明亮	馥郁持久	浓醇鲜爽	柔软红亮
川红工夫	四川宜宾、古蔺	紧结壮实有锋苗，多毫，乌润	红亮	鲜而带橘糖香	鲜醇爽口、果香	匀齐红明
闽红工夫	福建福鼎、寿宁、霞浦	弯曲匀整，乌润带毫	浅橙红明亮	香高带鲜甜	醇和带鲜	肥壮尚红

　　当前市场在售的很多红茶与传统的工夫红茶相比，多数缺少或简化精制环节，存在含水量偏高的问题，在后期的存放过程中容易出现滋味变酸、鲜爽感减弱、香气不显或"返青"等现象。但是，红茶较之绿茶还是更容易存放，品饮方式又能够衍生出各种花样，所以中国的红茶在未来或可以有更大的发展空间。

红茶的加工工艺对品质的影响

红茶的初加工工艺总结起来包括萎凋、揉捻（或揉切）、发酵、干燥四个大的环节，每个环节对于茶叶的品质都会产生影响并表现在外形、汤色、香气、滋味、叶底五项因子上。现逐项说明如下。

鲜叶采摘：和绿茶加工不同的是红茶的加工对于鲜叶原料有一定的成熟要求，以祁门红茶为例，较为常见的是采摘一芽二叶进行加工。当原料适度成熟时，可溶性糖含量有所上升，会带来萎凋和发酵阶段一些良好的香气的出现。由于气温升高，外界环境的温度适宜红茶自然萎凋或日光萎凋。气温升高，酶的活性上升，发酵的效果较好。因此，红茶加工时，鲜叶采摘的嫩度并不是越嫩越好。

萎凋：萎凋对于红茶的色泽的影响主要在于萎凋温度的高低，其会影响化学物质转化。阮宇成等研究认为：萎凋温度不宜过高，时间不宜太短，采用良好的自然萎凋比加温萎凋获得的红茶色泽好。在鲜叶的萎凋过程中，含水量减少，细胞透性增强，各种香气前体的糖苷与糖苷酶接触，产生水解作用，香气化合物迅速游离出来，萎凋过程香气成分的总量会迅速提高。

●祁门楮叶种

红茶产地、品种、制法不同，萎凋的程度要求也不一致，使红茶的香型有很大差异。以采用CTC制法的红碎茶香气与传统条形红茶相比，前者萎凋程度较轻，揉切强烈快速，氧化聚合作用速度也很快，茶叶中以糖苷形式存在的香气化合物尚未充分水解，其他成分急剧氧化，这类茶叶缺少像大吉岭红茶和祁门红茶一般隽永幽雅的香气。

在近年来的大量研究中人们发现在自然萎凋中加入晒青工序或者通过不同光质的光源照射会提高红茶的香气表现。在对红茶、乌龙茶兼容品种的加工实验中发现：增加做青处理的红茶，香气和滋味的表现都有提升。

●萎凋叶

萎凋的过程除了带来水分的散失和叶片的萎蔫之外，还带来的是酶活性的升高，这为后续的茶多酚的氧化反应做好了准备，萎凋充分，后续的发酵就容易完全。在生产实践中人们发现，萎凋的充分与否容易导致金毫数量的多寡。

当前较常用的萎凋方式主要是：萎凋槽萎凋、室内自然萎凋和室外日光萎凋，有些地区也会在此基础上增加做青工序，或者将不同的萎凋方式相结合。萎凋的过程中水分散失充分，叶片萎蔫有利于揉捻时茶条卷紧。如果萎凋程度较轻，萎凋叶含水量高，则揉捻的过程容易使芽尖断碎，茶汁大量揉出，香味青涩，滋味淡薄，毛茶条索松，碎片多。如果萎凋程度过重，则叶片失水过多，生化反应过度，可能会造成枯芽、焦边、泛红等现象，揉捻不易成条，香低味淡，汤色红暗，叶底乌暗或颜色不均匀。

萎凋程序的控制，主要根据叶片的状态来判断。黄藩等人在萎凋温度对鲜叶失水率的影响研究中，构建了温度对鲜叶失水率的预测模型，希望依据萎凋叶的含水量来判断萎凋的程度，这对于未来工夫红茶的加工控制提出了较好的参考。

揉捻（揉切）：揉捻是红条茶塑造形状和形成内质的重要工序。条形红茶要求条索紧结，内质滋味浓厚甜醇，而这取决于揉捻叶的紧卷程度和细胞的损伤率。

使用揉捻机进行揉捻时，如果采用单次揉捻，茶叶置身于揉捻筒内时间长，容易导致揉捻叶由于摩擦升温而加速发酵，而且在相对封闭的桶内供氧条件差，茶叶发酵不容易正常进行。若空气湿度较低，揉捻叶水分容易散失，对发酵也有不良影响。因此，揉捻外部环境要求低温高湿。为了达到良好的揉捻效果，高档的工夫红茶应分次揉捻，揉捻开始一段时间后逐渐加压，揉捻结束前逐渐松压。分次揉捻之间应进行解块筛分和摊晾，这既可以降低因摩擦而升高的叶温，也能够保证一定的透气性，防止缺氧发酵，提升茶汤的红亮度。

红碎茶的揉切与红条茶的揉捻完全不同。红碎茶揉切要求工序快速、强烈，以最快的速度和最强的力量使叶片破损，叶细胞组织损伤、变形，多酚类物质与多酚氧化酶和空气充分接触，发酵快速进行，获得滋味物质的最大形成量，这构成了红碎茶滋味浓、强、鲜的风格特征。

揉捻充分是发酵良好的条件。若揉捻不足，条索不紧，细胞破损不充分，则发酵困难，茶汤滋味淡薄有青气，叶底也比较花青。若揉捻过度，茶条易断碎，茶汤浑浊，香低味淡，叶底红暗。在生产过程中，制茶师常通过紧握揉捻叶判断揉捻

●揉捻

程度，以细胞破损率在80%以上，叶片90%成条，条索紧卷，茶汁充分外溢，黏附于叶表面，用手紧握茶汁溢而不滴流为适度。

发酵：发酵是形成红茶风格特征的关键环节。发酵叶温的高低对红茶色泽具有决定性的影响。在发酵的前期，要求温度较高，有利于提高酶的活性，促进茶多酚的酶促氧化而形成较多的茶黄素和茶红素。茶黄素主要增加茶汤明亮感和增加茶汤滋味的鲜爽感，茶红素主要增加茶汤的红色和构成茶汤滋味的醇和感。茶黄素和茶红素比例得当，则茶汤红艳明亮，滋味甜醇鲜爽。在发酵的后期，随着反应产物的增多，酶促氧化速度减慢，应逐渐降低温度，以减慢茶黄素和茶红素向高聚合物转化的速度。

发酵过程还是形成红茶香气品质的关键性工序。在发酵过程中芳香物质的组分发生变化，既有芳香物前体逐渐水解释放出香气成分，也有与多酚氧化相偶联的化学过程产生出新的香气。

影响红茶发酵的因素主要有：

（1）温度：大多数学者认同红茶应变温发酵，前期稍高温，中后期应保持低温。

●发酵叶

（2）湿度：发酵过程中很多反应的介质是水，水分缺少会影响发酵的进行，但发酵叶上的水分凝聚过多又会影响透气性。有研究认为：89%～95%的相对湿度，有助于提高发酵品质。

（3）通氧：红茶发酵与酶促氧化有关，供氧量的多少影响了红茶的发酵程度。一般在缺氧状态下，即使温湿度适宜，红茶也很难发酵到良好的状态，因此保证氧气充足是促进红茶发酵的关键点，同时也应注意及时排除氧化反应产生的大量二氧化碳。

发酵过程中，红茶内部发生了深刻而复杂的化学变化，发酵的好坏直接影响了红茶的品质。若发酵不足，干茶色泽不乌润，香气不纯，带有青气，滋味较涩，汤色欠红，叶底花青或者青条较多。如果发酵过度，干茶色泽枯暗，不油润，香气低闷还可能夹杂酵气味或酸馊味，滋味平淡，汤色红暗，叶底也较暗。在发酵期间如果缺少翻动，则茶叶可能表现为发酵不均匀的现象，外部茶叶透气性好，发酵充分，内部透气性差，则既有茶汤深暗的现象，香气中也带有青气和酵气，滋味既有涩味又缺乏鲜爽感，叶底既有深谙发酵过度的叶片，也有颜色花杂发酵不足的部分，表现为不佳的感官品质。

干燥：干燥的环节由于高温的作用，大量低沸点的香气物质挥发，最后留在干茶中的是一些高沸点的芳香成分。发酵叶进入干燥工序后，茶坯温度上升，在干燥的初期阶段，酶促氧化反应并没有终止，反而处于加速状态，这个阶段部分香气物质的含量仍在增加，特别是一些鲜叶中不存在的芳香物质。红茶的干燥一般分为毛火和足火，毛火要求高温快速，水分快速散失，酶失去活性，茶叶的表面开始变得干燥。足火要求低温慢烘，使良好的茶叶品质得到固化。毛火和足火之间需要进行适度摊晾回潮，使茶叶内部的水分逐渐向叶表面分布。

干燥程度的掌握以毛火叶含水量在20%～30%，足火叶含水量7%为适度。生产实践中，常以经验掌握。足火达到足干时，茶梗一折就断，用手指碾茶条即成粉末。干燥程度如果不足，含水量较高，不仅香气不高，滋味不醇，而且在毛茶贮运过程中，容易发生质变，影响品质。

思考

由加工影响的条形红茶的缺陷通常有哪些？

品种对红茶品质的影响

茶树的品种是加工工艺之外影响红茶品质的又一要素。关注品种对于茶叶品质的影响要从茶树品种的适制性来分析。

茶树品种的适制性不仅包括外部特征，还有茶树的内含成分的多少及其比例。前面已表述过，就外部特征而言，树形、姿态、叶片颜色、茸毛含量多少、叶张大小、叶片厚薄、柔软程度、发芽迟早等物理特征会决定该品种的适制性。至于内含成分则要从茶多酚含量的多少、香气物质、酶学特性等角度进行探讨。

对色泽的影响：从干茶的色泽来看，直观效果上浅绿色或黄绿色的鲜叶，其叶绿素含量较低，而多酚类含量高，制红茶的色泽较好，容易获得乌黑油润的外形表现，汤色和叶底也都红艳，如云南大叶种、英红九号、槠叶种、凤庆大叶种等都是适制红茶的优良品种。

红茶茶汤的红艳明亮是多酚氧化产生的茶黄素、茶红素含量充分、比例恰当的表现，茶黄素的含量多少对于茶汤的明亮度影响较大。大量实验的结果表明，茶

多酚及其氧化产物茶黄素、茶红素的含量与茶汤表现关系密切。从红茶中已分离出的茶黄素中，其中有6种茶黄素是由L-EGC、L-EGCG和L-ECG的参与所形成的，因此用这三种儿茶素含量高的品种制红茶，其茶黄素的形成量也相对较高。研究还发现在L-EGCG和L-ECG有一定含量的基础上，L-EGC的含量与茶黄素的形成量呈高度正相关。品种不同，L-EGC的含量不同，茶黄素的含量有显著差异，茶汤的明亮感以及滋味的鲜爽感就会有明显不同。而我国的红茶品种大多L-EGC含量不高，除了少数大叶种的品种。这也就解释了为什么云南滇红和广东、广西的一些条形红茶更容易出现"金圈"现象，滋味的浓醇鲜爽感也较强。用L-EGC含量高的云南大叶种和肯尼亚品种制成红碎茶，在感官上表现为滋味的刺激性更强，鲜爽度更好，汤色和叶底也更红艳明亮。

对香气的影响：研究表明，红茶香气与茶树品种密切相关，品种不同，红茶的香气特征明显不同。并称世界三大高香红茶的祁门红茶、印度大吉岭红茶以及斯里兰卡的乌瓦高地红茶在香气上就有明显的差异。在对不同品种制作的红茶的香气对比中发现，广东、广西红茶中沉香醇及其氧化物居多，这些品种与印度茶相似度较大。中小叶种的福建红茶、祁门红茶中的香叶醇居多。大吉岭红茶品种有一部分原是从中国祁门移植培育而成的，其香气特征为上述两种红茶的中间型。

●大叶种红深汤色

在王秋霜等完成的对中国名优红茶的香气成分的对比研究中，研究者发现：芳樟醇是红茶香气中一种重要的成分，具有似玫瑰木的木青气息，既有紫丁香、铃兰与玫瑰的花香，又有木香、果香气息，是红茶的玫瑰香气的主要物质基础。云南的凤庆大叶种和广东的英红九号芳樟醇含量很高。橙花醇是甜香和糖香嗅觉的物质基础，也是中国红茶香气的特色之一，祁门红茶、苏红、九曲红梅的橙花醇含量远高于其他品种，这些都是小叶片型的中国小叶变种。

有研究表明：糖苷类香气前体物是茶叶香气形成的关键因子，不同的茶树品种糖苷类香气前体存在组成或量的差异。当前对于糖苷类香气前体的研究主要也是为了培育高香型茶树品种以及为茶树种质资源鉴定和评价提供新途径。

对滋味的影响：在红茶滋味的特征中，条形红茶要求滋味甜醇，红碎茶要求浓厚、强烈、鲜爽。红茶制造过程中多酚类物质发生复杂的氧化反应形成茶黄素、茶红素和茶褐素。未被氧化的保留的多酚类物质主要构成茶汤的浓度和刺激感，茶黄素是鲜爽味的主要成分，茶红素是汤味甜醇的成分。因此多酚含量高的品种，更适合制作浓、强、鲜的红碎茶，发酵的效果也好些。茶叶中的可溶性糖会中和滋味的涩度，可溶性果胶会增加滋味的厚度，这些方面有优势的品种会在红茶茶汤滋味上表现得更加协调。上面提及的L-EGC含量高的品种会带来滋味更明显的鲜爽感，也是品种对红茶滋味的影响之体现。

在当前实践中，人们也在研究一些乌龙茶品种加工红茶，这类茶往往表现出特殊的香型，但是茶叶品质的好坏最终决定于鲜叶是否充分发酵。

思考

1. 大叶种红茶与中小叶种红茶的品质有哪些区别？

2. 小叶种制成的红茶常见的弊病有哪些？

环境对红茶品质的影响

生长环境与茶叶色泽：纬度低的南方茶区，温度高，日照强，有利于碳水化合物及多酚类的合成，叶片中多酚类、儿茶素的含量高，酶活性强，这种鲜叶制红茶，汤色及叶底红艳，品质好。光照决定了茶树光合碳代谢的基础，日照强，日照时间长，使茶树碳代谢旺盛，假如在春季水湿均衡的情况下，则表现为红茶乌黑油润，叶底红匀，如果在夏季或秋季，水湿供应差的情况下，茶树生长受阻，红茶的干茶色泽容易泛棕红色。

生长环境与香气：与前面关于海拔高度和绿茶香气的讨论相似的是，同样的土壤，在高海拔条件下，茶树形成了较多的高沸点香气物质，茶叶会表现得香高而持久。用这一理论不难理解近年来风靡市场的金骏眉在高海拔和低海拔生长环境表

●高山茶园

现出香气类型和持久性的差异。

　　季节的差异体现在香气上则是相对凉爽干燥的季节，红茶的香气高锐，雨量较大的季节，红茶的香气较为低闷。这一现象在大吉岭红茶和斯里兰卡红茶中也有同样的体现。印度大吉岭优质红茶主要来源于海拔2000米以上的茶园，这里在冬季会有一个短暂的旱季，高海拔和凉爽干燥的季节带来了大吉岭红茶如红茶中的香槟般的良好品质。

　　土壤条件对于香气的影响方面，邓西海等在对世界主要优质红茶的化学成分和环境条件进行分析后认为，优质红茶产地土壤母质主要源于花岗岩、石英岩、变质岩、土壤富集Fe与Al，形成典型的红壤、红黄壤，并可由河流冲积形成山间冲积台地，土壤含砂量居中或较高，质地疏松。另外，干湿交替的季风气候和充足的雨水有利于地表植被的生长更新，促进土壤养分积累。土壤中Si、K丰富，有机质和N、P积累水平非常高，这是优质茶叶形成的基本条件。

　　生长环境与滋味：原料采摘季节的不同在红茶滋味方面的表现不同。春季各种成分含量丰富而协调，氨基酸、果胶物质含量多，茶汤滋味醇厚而鲜爽。夏季气温高，日光强烈，酯型儿茶素含量高，氨基酸、果胶含量较低，红茶的香气独特而滋味浓强，更适合制成红碎茶，制作条形红茶则容易缺少滋味的协调感。秋茶的品质会介于春茶和夏茶之间。

　　贮存环境与滋味：作为经过发酵的茶，红茶的酸味成分含量较高，其成分主要是部分氨基酸、有机酸、抗坏血酸、没食子酸、茶黄素及茶黄酸。和不发酵或者轻微发酵的茶相比，红茶的茶汤滋味本身比较容易出现酸味。假如含水量较高，则酸味物质还会在贮存期间发生变化，酸味强烈刺激的乙酸、草酸会增多，带有清新鲜味的柠檬酸、琥珀酸的含量减少，茶汤滋味表现出不协调的酸味感受。茶叶的含水量以及环境的湿度升高，则发生此类反应的几率增大，部分脂类物质发生氧化反应产生不饱和脂肪酸，带来陈气味。这也就不难解释，全发酵的红茶在贮存期间，滋味表现下降，如果含水量高且密封条件不佳的话，容易出现"酸败"现象。由于品种的差异，同属全发酵红茶的大叶种滇红工夫又比中叶种的祁红工夫更容易出现酸味。

　　红茶的贮藏期相对较短，存放条件中应特别注意湿度、光照和密封性。

红茶的审评实验设计

实验一　不同等级的工夫红茶的审评

1. 实验的目的

学习工夫红茶的风格特征，掌握工夫红茶的审评方法，区分等级之间的差异。

2. 实验的内容

根据国家标准对祁红工夫和滇红工夫进行感官审评，辨别不同等级之间的差异。

3. 主要仪器设备和材料

不同等级的祁红工夫和滇红工夫（审评教学样），茶叶样罐、样盘、通用型审评杯碗、汤勺、天平、计时器、叶底盘、吐茶桶、记录纸等茶叶感官审评全套设备。

4. 操作方法与实验步骤

外形审评：将样罐中的茶样倒入茶样盘中，使用摇盘、收盘、颠、簸等手法，能够将茶叶摇盘旋转展开，再通过收盘的方法将茶叶收拢成馒头形。

审评外表包括形态（条索）、嫩度、色泽、整碎度和净度等内容：条索评比松紧、轻重、扁圆、弯曲、长短等；嫩度评比锋苗和含毫量；色泽评比颜色、润枯、匀杂；整碎度评比匀齐、平伏和三段茶比例；净度看梗筋、片、朴、末及非茶类夹杂物的含量。

以紧结圆直，身骨重实，锋苗（或金毫）显露，色泽乌润调匀，完整平伏，不脱档，净度好为佳。中下档茶允许有一定量的筋、梗、片、朴，但不能含任何非茶类夹杂物。祁红工夫着重条索紧结程度和锋苗情况，滇红工夫着重条索壮结程度和金毫的比例。

内质审评：参考《茶叶感官审评方法》（GB/T 23776–2009）中精制茶的标准，将茶叶上下、大小混合均匀，从干评茶样中取样3.0g，放入容量为150mL通用型审

评杯中，冲入100℃沸水至口沿后加盖，计时5分钟后沥汤。看汤色，嗅香气，尝滋味，看叶底。

汤色注重颜色、亮暗程度、清浊状况等，对于祁红工夫关注汤色的红艳程度，滇红工夫着重是否存在"金圈"现象。

汤色以红艳、碗沿有明亮金圈或有"冷后浑"为优，红亮或红明次之，红暗或浑浊者最差。

香气审评分三次进行，按照热嗅辨纯异、温嗅辨浓度类型、冷嗅辨持久度来进行，主要辨别随着原料老嫩不同带来的鲜爽感的变化和粗老气味的明显程度的不同。

香气以高锐、带有花果香、新鲜持久为优；香高而稍短者次之；香低而短，带粗老气者品质差；如出现异味，则是残次产品。

滋味审评依据茶汤的浓淡、醇涩、爽钝等特点进行，辨别不同等级之间滋味甜醇鲜爽感的明显与否以及粗老味的有无。以醇厚甜润、鲜爽为好；淡薄粗涩为差。

看叶底以原料嫩而芽多、厚而柔软、匀齐明亮的为好；以叶质粗老、硬、薄、花杂、老嫩不一、大小欠匀、色泽不调和为差；色泽以红匀明亮一致为佳。

5. 实验数据记录和处理

根据不同等级的工夫红茶的审评结果撰写评语，填写审评报告单，注意不同等级之间使用术语的差别。如表3-3所示。

表3-3　红茶品质因子审评系数（％）

茶类	外形	汤色	香气	滋味	叶底
工夫红茶	25	10	25	30	10
红碎茶	20	10	30	30	10

 思考

1. 大叶种工夫红茶和中小叶种工夫红茶的风格特点各是什么？

2. 构成不同等级工夫红茶的主要依据是什么？

实验二 小种红茶的审评

1. 实验的目的

学习小种红茶的风格特征，掌握小种红茶的审评方法，了解传统风格小种和改良后市场常见的小种红茶风格的区别。

2. 实验的内容

对不同风格的正山小种茶样进行感官审评，并撰写评语

3. 主要仪器设备和材料

不同风格的正山小种（审评教学样）、茶叶样罐、样盘、通用型审评杯碗、汤勺、天平、计时器、叶底盘、吐茶桶、记录纸等茶叶感官审评全套设备。

4. 操作方法与实验步骤

外形审评：将样罐中的茶样倒入茶样盘中，使用摇盘、收盘、颠、簸等手法，能够将茶叶摇盘旋转展开，再通过收盘的方法将茶叶收拢成馒头形。

审评外表包括形态（条索）、嫩度、色泽、整碎度和净度等内容：条索评比松紧、轻重、扁圆、弯曲、长短等；嫩度评比锋苗；色泽评比颜色、润枯、匀杂；整碎度评比匀齐、平伏；净度看梗筋、片、朴、末及非茶类夹杂物的含量。

以身骨重实，锋苗显露，色泽乌润调匀，完整平伏，净度好为佳。中下档茶允许有一定量的筋、梗、片、朴，但不能含任何非茶类夹杂物。

内质审评：参考《茶叶感官审评方法》（GB/T 23776–2009）中精制茶的标准，将茶叶上下、大小混合均匀，从干评茶样中取样3.0g，放入容量为150mL通用型审评杯中，冲入100℃沸水至口沿后加盖，计时5分钟后沥汤。看汤色，嗅香气，尝滋味，看叶底。

汤色注重颜色、亮暗程度、清浊状况等，汤色以红艳、碗沿有明亮金圈或有"冷后浑"为优，红亮或红明次之，红暗或浑浊者最差。

香气审评分三次进行，按照热嗅辨纯异、温嗅辨浓度类型、冷嗅辨持久度来进行，正山小种的香气主要把握是否具有松烟香，香气是否呈鲜甜型。

滋味审评依据茶汤的浓淡、醇涩、爽钝等特点进行，以醇厚甜润、鲜爽为

好；淡薄粗涩为差。传统风格的正山小种由于燃烧松木芯干燥，滋味有类似桂圆汤的烟熏风味和甜醇感。目前市场也有改良后的正山小种，原料较以前等级更低，干燥阶段没有松木烟熏，风味中没有松烟味。

看叶底以叶底色泽的红明为好，红暗、红褐、乌暗、花杂为差。由于使用松柴熏制，叶底的颜色更加深暗，硬度也稍大。

5. 实验数据记录和处理

根据不同风格的正山小种红茶的审评结果撰写评语，填写审评报告单，注意不同茶样之间使用术语的差别。

表3-4　正山小种品质因子审评系数（%）

茶类	外形	汤色	香气	滋味	叶底
正山小种	25	10	25	30	10

思考

1. 传统风格的正山小种的品质感官特征是什么？

2. 目前市场上常见的无烟正山小种可能在品质上存在哪些缺陷？

附　红茶常用评语

干茶外形评语

细紧：条索细长挺直而紧卷，有锋毫。

细秀：原料细嫩条索卷紧，锋苗显露，造型优美，是高级工夫红茶的形状。

细嫩：条细紧，金黄色芽毫显。

紧结：条形茶条索卷紧而挺直，是工夫红茶正常的造型。

壮结：芽叶肥壮而卷紧，是大叶种条形红茶的造型。

皱缩：颗粒虽卷得不紧，但边缘褶皱，是片型茶好的形状。

毛衣：细筋毛，红碎茶中出现较多。

筋皮：嫩茎和茶梗揉碎的皮。（红碎茶中含有一定的筋、梗是正常现象。）

乌润：乌黑而有光泽，有活力。

乌黑：乌黑色，稍有活力。

栗褐：褐中带红棕色。

枯红：色红而枯燥，是较老原料加工成红茶的常见色泽。

灰枯：色灰红而无光泽。

汤色评语

红艳：汤色红而鲜艳，金圈厚。

红亮：汤色不甚浓，红而透明有光彩。

深红：汤色红而深，无光泽。

浅红：汤色红而浅。

冷后浑：红茶汤冷却后出现浅褐色或橙色乳状的浑汤现象，为大叶种优质红茶的表现。

姜黄：红碎茶茶汤加牛奶后，汤色呈姜黄明亮。

粉红：红碎茶茶汤加牛奶后，汤色呈粉红明亮似玫瑰色称为粉红，是红碎茶较好的表现。

灰白：红碎茶茶汤加牛奶后，呈灰暗浑浊的乳白色，是汤质淡薄的标志。

香气评语

鲜甜：鲜爽带甜香。

高甜：香高，持久有活力，带甜香，多用于高档工夫红茶。

甜纯：香气纯和，虽不高但有甜感。

高香：香高而持久。

强烈：刺激强烈，浓郁持久，具有活力。

花果香：香气鲜锐，类似某种花果的香气，如玫瑰香、兰花香、苹果香、麦芽香等，是优质红茶的香气表现。

松烟香：带有浓烈的松木烟香，为传统正山小种红茶的香气特征。

青气：萎凋和发酵不足所带有的青草气。

滋味评语

鲜爽：鲜而爽口，有活力。

鲜甜：鲜而带甜。

浓强：茶味浓厚，刺激性强。

鲜浓：鲜爽、浓厚而富有刺激性。

甜和：味并不浓，但很协调，具有一定的甜味。

酵味：发酵过度或发酵时透气性差导致的不愉快的气味。

青味：发酵不足而带有的青草味。

叶底评语

红艳：芽叶细嫩，红亮鲜艳悦目。

红亮：红亮而泛艳丽之感。

红暗：红显暗，无光泽，多是萎凋不佳所致。

乌暗：叶片如猪肝色，为透气性差导致的发酵不良的红茶常见色泽。

乌条：叶色乌暗而不开展。

花青：叶底带有青色，红里夹青，是发酵不均匀的表现。

附 红茶常见的弊病及原因

红茶中大部分弊病也是其他茶类所共同存在的，但有些弊病与红茶加工技术直接相关。

生青：萎凋发酵不足常导致红茶滋味的生青而缺乏甜鲜感。

灰暗：红茶在精制过程中因与机壁摩擦过多，以及条形红茶头子茶轧切不当常产生灰暗。

熟闷：萎凋过度或发酵过重，会产生红茶风味的熟闷感。

薄涩：萎凋、揉捻不足且发酵轻的小叶种红茶，常有此弊病。

深暗：萎凋、发酵过重，以及受潮陈化的红茶茶汤，叶底会呈深暗。

欠活泼：红碎茶汤色暗、不新鲜，滋味欠鲜爽。

粗松：原料粗老；揉捻机性能不佳或操作方法不当（如揉捻初期即加重压）。

团块：揉捻或团揉后，解块不完全，数个芽叶交缠成块。

露筋：茶梗及叶脉因揉捻不当，皮层破裂，露出木质部。

黑褐（俗称铁锈色）：萎凋不足，而大力搅拌，致使芽叶严重擦伤或压伤，强迫茶叶异常发酵所致。

浑浊：揉捻过度，揉捻机或其他制茶器具上，茶粉（末）未清除干净。

火味：茶叶经高温（140℃以上）长时间（4小时以上）烘焙；干燥温度太高，茶叶烧焦。

陈味（油耗味）：茶叶贮放不当，油脂过氧化引起。

红茶的品鉴——不同类型红茶的冲泡体验

冲泡体验一

茶名：祁门红茶（产地：安徽祁门）。

用水：农夫山泉。

冲泡器皿：豇豆红瓷盖碗、玻璃茶则，茶水比1:50。

时间：立冬（祁门红茶初制在4月中至5月完成，精制过程则在6~7月逐步完成，品饮红茶于夏秋季节不合，初冬时三五好友小聚最宜）。

冲泡流程：沸水烫盖碗；置茶于盖碗，用95℃左右的开水冲泡；回旋注水，使茶叶在碗中翻滚；浸润约1分钟，汤色红艳时，用盖碗品茗。

品鉴：祁门红茶条索细秀，色泽乌润，"祁门香"久负盛誉，然近十余年来，祁门红茶历经淹息，沉寂日久。盖碗又称"三才碗"，象征天、地、人三才，明清以降官宦之家以盖碗待客自饮，祁门红茶堪称"群芳最"，豇豆红盖碗细品玫瑰香只在若有若无间。

●祁门红茶冲泡方案

冲泡体验二

茶名：正山小种。

用水：农夫山泉。

冲泡器皿组合：横把白瓷壶、黑釉茶盘、德化白瓷杯，茶水比1∶30。

时间：小雪（正山小种春末制作完成，历经夏秋退去多余火气，小雪时节难免萧索，热茶一杯，正添些人间烟火气）。

冲泡流程：沸水烫壶、杯；置茶于壶，冲入少量沸水快速润茶，出汤弃之不用；再次冲入沸水加盖，约30秒出汤，以"关公巡城"手法沥汤入杯，使茶汤均匀。

品鉴：正山小种堪称红茶鼻祖，产于武夷山桐木关，松烟香纯正，桂圆味甜醇，汤色如琥珀，以德化白瓷杯映衬恰如其分；冬季寒冷，减少公杯之用，避免茶汤易冷。

●正山小种冲泡方案

冲泡体验三

茶名：古树滇红。

用水：农夫山泉。

冲泡器皿组合：段泥紫砂壶、透明玻璃公道杯，粉彩豆青小杯，茶水比1∶40。

时间：大雪（古树滇红花香馥郁，大雪之际，杯中汤色红艳，窗外白雪皑皑，又一人间胜景）。

冲泡流程：沸水烫壶、盅、杯；置茶于壶，沸水冲入，刮沫淋壶加温；约20秒出汤于公杯，汤色红艳清澈，分汤入杯。

品鉴：滇红出凤庆，以古树大叶种为之，花香浓郁，滋味醇厚耐冲泡；隆冬时节，以紫砂壶泡茶取其久热难冷之利，茶汤越发醇厚丰富；豆青小杯与滇红橙红之汤色亦相称，杯上粉彩梅花取凌寒之意。

●古树滇红冲泡方案

正山小种兴衰记

碧水丹山的武夷山不仅出产岩茶，桐木关的自然保护区里还有鼎鼎有名的正山小种，而相距不远的建阳还能寻到白茶，闽北一带茶类不可谓不丰富。读书时代曾到这些地方寻茶，而今回望岁月，令人回味的倒不仅仅是茶的香味。

正山小种产于桐木关。桐木关之名得自军事和交通的要塞，古时还曾有士兵在此驻扎戍卫，地处福建和江西的交界地，是武夷山脉断裂垭口，也是武夷山八大雄关之一。十多年前初次来此寻访，桐木关的自然保护区还没有如今这般热闹，山区里的居民多保持着相对传统的生活，民居多是砖木结合的结构，依山而建，疏密有致，房间里放着的老式钟表和已然模糊的毛主席像与周围的宁适环境很协调。山上植被丰富，造屋、烧柴的木料比比皆是，密密层层的毛竹又堪做多种生活用具，此间的村民从事的也多是与茶或竹有关的营生。

●武夷山九曲溪

●桐木关

　　自然保护区内的茶山很多海拔在千米上下，主峰海拔可达2158米，保存了世界同纬度地带最完整、最典型、面积最大的亚热带原生性森林生态系统，也是全球生物多样性保护的关键地区。生态的多样性对于出产好茶是极有利的，不独正山小种如是，我国许多古老的茶区也是如此。长在这样环境中的正山小种曾在很长的一段历史中被欧洲的皇室贵族们青睐，甚至带动了全世界品饮红茶的潮流。

　　正山小种之"正山"，乃表明是"真正的高山地区所产"之意，凡是武夷山中所产的茶，均称作正山，而武夷山附近所产的茶称作外山（人工小种）。正山小种之"小种"由岩茶之花色品种而来。清人陆廷灿撰写《续茶经》中援引《随见录》记载：岩茶北山者为上，南山者次之。南北两山，又以所产岩名为名，其最佳者，名曰工夫茶。工夫之上，又有小种。可见"小种"一说来自岩茶之佳者。正山小种的形成基于偶然：军队突然过境，青叶红变，而山民惜物，以松木焙之，成为乌黑的茶叶，土称"江西乌"。运抵福州经由洋行试销，不料这种特殊气味的茶叶竟引起外商的兴趣，于是外商年年订购，在欧洲风靡一时。军队过境的时间，有说明末，有说清中晚期，但以洋行试销一说而推之，似清中晚期更为可信。就是这个世界红茶的鼻祖，曾被诗人拜伦赞颂过的红茶，在她的原生地，却和周围的环境一样安静闲适，似乎全然不知她曾经招惹过遍及全球的一股潮流。

　　十余年前"正山堂"还叫作"元勋茶厂"，世代制茶的江家后人还靠着做些出

●制茶工具

口的订单和少量内销的生意谋生，全木结构的老焙青楼也仍在发挥萎凋、发酵和干燥车间的作用。上下两层木结构的厂房楼板以木栅式的隔层分开，木栅上铺有小四方孔的竹席，供萎凋摊叶用。萎凋叶和发酵叶依据需要的温度高低分放不同的楼层，木栅下依一定的高度悬置焙架，供熏焙用，地下还盘有地龙烟道，最大限度地利用燃料燃烧的热量。

在降雨频仍的闽赣交界地，通过室内加温萎凋和发酵来制作红茶实则环境使然（武夷山地区降水丰沛，茶叶制作时遭遇下雨并不罕见，制作小种红茶或者岩茶时，都有室内加温萎凋和加温发酵的方法）。近年来使用自动摇青机摇青，机器前段也安装有进风口，如遇阴雨天气，室内烧炭加温，吹烧炭之热风进机器帮助完成摇青。而不同楼层放置茶叶，也是为了对热量最大限度地利用。外销的干燥的最后一步要用焙笼焙制，松木芯含有的大量油脂在燃烧时发出香味带入了茶里。天长日久，焙茶用的焙笼已经沁满了松木的油脂。内销的口味轻，松烟气稍淡，茶汤的口味与桂圆汤相似，外销的正山小种（Lapsang Souchong）则需要在焙茶时更加重松烟的气味，这种烟熏风味的饮料在遇到牛奶和糖之后就变得香醇甜柔。

正山小种最早被荷兰商人带到欧洲，倾倒了法国皇室和英国的贵族们，宫廷贵妇们饮下午茶时对于来自中国的茶叶格外珍惜，以至于要用专门的茶叶柜存放和上锁以示其珍贵。清代作为武夷山的茶叶集散点的下梅村分布着鳞次栉比的茶庄，因茶而富的商人们不仅盖起了豪华的家宅，更是修缮了气派的祠堂。英国人面对购买茶叶和丝绸而产生的巨大贸易差无法坐视，于是就有了后来的鸦片战争。鸦片战争的爆发固然非茶之祸，但同时在英国的殖民地进行的一件事却改变了世界茶叶的格局。在印度、斯里兰卡等当时的英国殖民地，人们大量种植和加工茶叶，由于大规模使用机械和不断改进工艺，目前红碎茶已经成为世界消费的主流茶叶，而正山小种却在这一进程中显得脚步缓慢了许多。

●桐木关的金骏眉

2005年，金骏眉横空出世。这款从上至下流行起来的茶，给桐木关的茶叶生产带来了希望。于是，生产茶叶的村民增多了，外山做红茶的人数也不断增加，后来竟引发了国内到处生产红茶的热潮。金骏眉由于选料细嫩，产量有限，村民就将之后的成熟原料制作了小赤甘和大赤甘等花色。与正山小种不同的是，这些茶的制作既不需要熏松烟，也没有切轧筛选复火的精制过程，只能算是完成了初制工艺的条形红茶吧！出于经济效益的考虑，村民首选制作金骏眉，其次则是小赤甘、大赤甘，而由于制作传统的正山小种需要燃烧大量的松木，这对于自然保护区而言变得越发困难，最后干燥时的焙火更是需要用到具有大量油脂的松木芯，这又是低龄的经济林的松木无法满足的。对于熏制的食物可能含有致癌物质的担忧也使得正山小种的消费市场越发萎缩，到了2008、2009年时，除非订单需求，在桐木关几乎很少有人制作费时费力又不讨好的正山小种了，一代名茶就此终矣！

闲时茶话之二

祁门寻芳

从杭州到祁门将近三百公里的路程，筹划许久的祁门寻茶之旅终于在谷雨前的一个清晨开始了。

沿着新安江一路向西行进，山水渐次朗润，天边的绿色越发浓密，"新安江山水画廊"的说法不是一句空话，再加上点缀其中的白墙黑瓦，古徽州的风范越发具体起来。

近代中国茶史上，祁门红茶的地位可谓显赫，有"王子香"、"群芳最"的美誉。细数发源根本要从1875年安徽人余干臣从福建罢官回乡谈起。余干臣将福建红茶制法引入徽州，在至德尧渡街设立红茶庄，翌年在祁门历口设立分庄试制，从此产生了著名的祁门红茶。皖南徽州地区山多田少，民众向以茶为生。同一时期祁门人胡元龙开辟荒山，兴植茶树，建立日顺茶厂，大大推动了祁门一带红茶的发展。

●安徽乡村

●采茶人的手

1915年，祁门红茶参加巴拿马万国博览会，一举获得金奖，跻身世界三大高香红茶之列，成为中国近代工夫红茶之代表。

我的祁门寻茶之旅第一站是陶厂长的茶厂。陶厂长原来是国营祁门茶厂的职工，三十年来一直从事茶叶的制作，他自己的厂就在祁门县乔山乡的茶山附近。谷雨前后，正值祁门红茶的制作旺季，厂里不断有茶农进出运送鲜叶。祁门红茶最适用的是本地的槠叶种，需要采摘一芽二叶成熟度的鲜叶进行制作。生产旺季，鲜叶的需求量极大，但是前来送鲜叶的全是中老年模样的茶农，有的甚至满头白发。采茶对于已经实现全机械加工的祁门红茶而言，几乎是唯一需要手工操作的环节，而这项强度很大的劳动目前在农村已经没有年轻人愿意做，随着会采茶的村民逐渐变老，采茶季茶厂需要到更偏远的山区寻找合适的工人。一双双骨节粗大、老茧丛生的手中采来的是鲜嫩绿翠的鲜叶，像是充满希望的新生命。

红茶的萎凋、揉捻、发酵和干燥完全可以实现机械操作，一天能够有巨大的生产吞吐量，整个厂都弥漫着青叶和发酵叶的混合香气。多年的国营厂工作经历使陶厂长无论在初加工还是茶叶的精加工方面都是行家，工艺方面无须担心，最令他忧心的还是原料的质量。鲜叶来自无数农户家的茶园，栽培条件和采摘标准都不相同，更令人担心的是随着进城务工的年轻人越来越多，茶园除草、施肥这些工作无法在平时完成，会有越来越多的人选择简单方便的除草剂和化肥。陶厂长计划着在今年流转一块几十亩大的荒山开发成厂里的自有茶园，为了在干净的土地上长出的茶叶能够制出久违的"祁门香"。但是在祁门当地，土地流转政策执行情况似乎不甚理想，再加之开出荒山到茶叶可以采摘又至少需要三年的时间，陶厂长的自有茶园梦想还遥遥无期。

●乔山乡

从乔山乡开车出来的路上经过几个自然村，傍晚时分村里不少孩子在路边玩耍，带着天真好奇的神情，也有白发的老人坐在自家的门槛上聊天和吃饭，流过村子的河水很清澈，山上的树木也非常繁密，就像是人们心中遥远的美丽乡愁。

陪同我考察茶园的是陶厂长的徒弟小叶。说是小叶，其实已经是四十多岁的中年男子。要看的茶园和几个小的茶叶作坊就在一个叫做"历口"的地方，据说这里是祁门红茶的发源地。

村里有不少人家都经营有红茶初制的作坊，鲜叶的萎凋有不少就是在阳光下直接日光萎凋，条件好的修苫萎凋槽。发酵相比而言就简陋一些，茶叶放在木制框子里盖了棉布放置在太阳下加温。山上的茶园很多，有的属于农户，也有大片的属于具有规模的茶企。在一家当地的龙头企业的示范茶园，能够见到安装有大量的黄色粘虫板进行物理防虫。茶棚不高，说明种下去的时间还不太久，新发出的很多芽叶姿态修长而优美，鲜活又娇嫩。说话间，茶园里来了游览的人群，人们在腰上系了竹篓体验采茶，还有人摆出姿态拍照等。祁门红茶的销售并没有像近年来很多地区的红茶一样火爆，企业和农户为了生存，也不断尝试多种经营模式，生态旅游或者爱好者众筹等形式都在考虑之列，只是祁门地处偏僻，如何吸引客流、如何做好基础保障，都是问题。

茶园里种植了观赏植物以便遮阴，其中山茶树比较多见。这种茶树的远亲植物偶尔会生出一种叫做"茶耳"的变形叶片或果子，略有酸甜的滋味，像小叶这样的中年人幼时采茶时会拿"茶耳"当零食，如今大概没有多少人能认识了。

茶旅的下一站在中国祁红博物馆。这间由企业出资兴建的博物馆收藏了很多行业内弥足珍贵的资料，诸如早期利用水力作为动能的木质揉捻机、国营祁门茶厂在20世纪五六十年代记录每年茶叶生产参考样的工作报告、写着"绝密"字样的当时的精制茶拼配方案以及不同年份的茶叶实物标准样等。祁门红茶斩获国际金奖，享誉世界，但在我国真正体现出在行业中的特殊地位却是在1934年。这一年，38岁的胡浩川临危受命，担任当时祁门茶叶改良厂的厂长，在既无经费也无支持的情况下，这位曾留学日本的精英厂长带领冯绍裘、庄晚芳等人从茶树育种、栽培管理、鲜叶分析以及加工工艺等方面进行研究，从无到有建立了祁门红茶现代机械加工的基础。无独有偶，两年后技术骨干冯绍裘转战凤庆，经历一番拼搏后，试制成功滇红工夫，被世人誉为"滇红之父"。有时想想那个时代的人既经历了巨大的苦难和艰辛，也追随理想被热情感召在实业救国和实干兴邦中践行梦想，也是种幸运。

祁门红茶初制获得基本的质量特征，在精制过程中历十余道工序使质量不一、相对粗糙的毛茶升华为风神俊秀的上品，过程繁复而考究，许多步骤不厌其烦，又倾尽心血，祁门工夫的"工夫"二字就从此来。1935年，在吴觉农和胡浩川合著的《中国茶业复兴计划》中这样说："祁门红茶，以味香著称世界，英国伦敦虽以印锡茶占据了整个茶业市场，但最高级的茶叶，仍需拼入祁门红茶若干成。故今年其他出口红茶虽已十分凋落，只有它还能有四五十万担的出口，这未始不是一件不幸中的幸事。"这段文字今天读来，回想祁门红茶曾经历的淹息时光，发人深省。

●历口

●制茶图

　　在祁门的最后时间是在名叫祥源茶业的企业车间中度过的。这家植根于祁门茶厂的现代化企业根据传统工艺进行创新和改良，已经实现了生产线的清洁化和连续作业，巨大的揉捻机组同时可以开动八台揉捻机进行操作，精加工的多道步骤也完全实现了机械化。早期祁门茶厂的技工师傅有一半现在在这家企业服务，经验丰富的师傅们在使用全自动加工机组时还稍显不适应，但一批批进厂实习的年轻面孔让人心生希望。制作祁门红茶中的优质高档产品时，仍是让技工师傅们全手工精制，各种筛盘在师傅的手中动起来时，茶叶仿佛有了生命一般，那舞蹈起来的灵动，让人分不清是茶叶还是我们自己所向往的自由和欢愉。在巨大的机器轰鸣声中，完成精加工的红茶从最后出口慢慢掉出，捧起新鲜出炉的茶，闻到似新鲜花果香的气味，我的祁门之旅总算有了一个让人欣慰的芳香句号。

第四章

乌龙茶的
审评与品鉴

——历经磨难散发的香

乌龙茶汤色

　　乌龙茶是我国特有的茶类，以其独特韵味受到广大饮茶者的青睐。乌龙茶的产地主要在我国福建、广东和台湾三地，在福建又主要有闽北和闽南两种截然不同的风格，所以乌龙茶常有出产于三省四地的说法。和绿茶、红茶不同的是，乌龙茶采摘原料成熟、加工工艺复杂、香气滋味风格多样，而且在审评和冲泡方法上也会有很大的不同。乌龙茶是部分发酵茶，多酚类的部分酶促氧化，形成乌龙茶香高、味醇、"绿叶红镶边"的独特品质风格。由于乌龙茶在加工过程中的晒青、晾青、摇青工艺，故在六大茶类中，按发酵形成的色泽分类又称"青茶"。

乌龙茶的分类与特征

长期以来，乌龙茶存在多种分类方法。以发酵程度分，可分为轻发酵乌龙茶、中发酵乌龙茶和重发酵乌龙茶。发酵程度的轻重体现在叶底上红边红点的分布不同，在香气和滋味上也有很大的区别。发酵较轻的乌龙茶干茶色泽多数砂绿或青褐，汤色偏蜜绿或蜜黄色，香气清扬带花香，滋味比较鲜爽带花味。发酵较重的乌龙茶干茶色泽偏褐黄或乌褐，汤色橙黄或橙红，香气更接近熟果香，滋味醇厚容易带蜜韵。

以品种来区分，多见于以品种命名的乌龙茶。用"黄棪"品种加工成的茶称之为"黄金桂"；以"水仙"品种加工成的茶称之为"水仙"；以红心观音、大叶乌龙品种加工成的茶称之为"铁观音"和"乌龙"等。对于不少乌龙茶，品种名也是商品名，以品种作为区分的简单标准。

此外，还存在着以产地来划分的标准，福建北部出产条索形的乌龙茶，以武夷岩茶为代表，条索粗壮扭曲，色泽乌褐带宝光，滋味浓爽而具有岩韵，成为历代嗜茶者赞誉的对象。除了武夷山之外，闽北的建阳、建瓯等地也生产条形乌龙茶，一般称为闽北水仙和闽北乌龙。

闽南出产颗粒形的乌龙茶，由于茶叶的嫩茎无法卷入颗粒，形成一头大一头小的螺钉形或者拳曲形。其中较有代表性的是安溪铁观音，色泽砂绿翠润，香气清幽细腻，滋味醇和带有"音韵"。除了安溪之外，闽南生产乌龙茶的地区还有诏安、永春、漳浦、漳平等地，出产的花色品种有黄金桂、永春佛手、白芽奇兰、漳平水仙、诏安八仙等。

广东的乌龙茶主要产于潮汕地区，其中以潮安县凤凰镇为核心区域。其出产的乌龙茶主要是凤凰水仙，条索紧结、平伏，色泽褐黄或青褐，较之武夷岩茶更加细而紧，颜色也相对浅一些。凤凰水仙的香气独具特色，富于变化，香气高、锐而持久，滋味浓强又回甘明显。广东乌龙茶除了潮安之外，还有饶平出产的白叶单丛和石古坪出产的细叶乌龙。

台湾全岛有多个乌龙茶的产区，风格各不相同。由于历史上与福建、广东茶叶生产渊源颇深，所以台湾的乌龙茶既有颗粒形，也有条索形，还有自然形态的白毫乌龙茶。其产地主要分布于台北、台中以及台南的平地和高山茶园。

乌龙茶的品质受到生长环境、品种特征以及加工工艺的多重影响，在特征风格上也表现得非常多样，但就整体茶类而言，还是可以总结出规律性的描述，现试述如下：

闽北武夷岩茶：武夷山位于闽北，风景秀丽，碧水丹山，九曲三十六峰。山多岩石，茶树生长在岩缝中，岩岩有茶，故称"武夷岩茶"，主要产区在慧苑坑、牛栏坑、大坑口、流香涧、悟源涧一带。近年来，因武夷山获"世界自然文化双遗产"的称号，重视生态环境保护，故新发展茶区多为洲茶。武夷岩茶以"单丛"、"名丛"最为珍贵，大红袍、铁罗汉、白鸡冠、水金龟号称四大名丛。武夷岩茶外形条索肥壮、紧结、匀整，色泽乌褐润带宝光，香气馥郁隽永，滋味醇厚回甘，具有特殊的"岩韵"，汤色橙黄、清澈艳丽，叶底边缘朱红或起红点而中央呈浅黄绿色，耐冲泡，一般可冲泡5次以上。

除了历史延续的数百种品种之外，目前市场上的代表性商品茶品种主要是肉桂和水仙。武夷肉桂是20世纪80年代选育推广的品种，以香气辛锐、浓长、似桂

●武夷岩茶品种名

皮香而突出，肉桂滋味醇爽回甘而带有明显的品种风味，近年来特别受到市场的青睐。

武夷水仙是指用水仙品种制成的岩茶。水仙品种并非武夷山的原生品种，而是产于建阳水吉镇，品种又名水吉水仙，具清幽的兰花香，滋味浓醇。以水仙制成的武夷岩茶香气清幽隽永，滋味醇和柔滑，是武夷岩茶的又一当家产品。

闽南安溪铁观音：铁观音既是茶树品种名，也是成品茶的商品名称，是乌龙茶类中的佼佼者。铁观音原产于福建省泉州市安溪县西坪镇，创制至今约有300年的历史，以商品名"安溪铁观音"闻名海内外，并已列入原产地域保护。安溪一年四季皆可制茶，从4月底至5月初开采春茶，至10月上旬开采秋茶，近年来通过改进栽培技术及扩大种植面积亦有冬茶之采制。铁观音茶叶质量要求外形颗粒紧结、重实，色泽砂绿油润，香气浓郁、清高持久，滋味醇厚甘爽，汤色金黄清澈，叶底肥厚软亮、红边明显，饮之齿颊留香，甘润生津，俗称"观音韵"。安溪铁观音发展的过程中创新出空调控制做青的方式，清香型铁观音曾一度大量占据市场。近年来，由于采摘过度、茶园给养不足、茶商低价竞争等问题，导致安溪铁观音的市场认可度一度下滑，目前闽南的茶界有识之士正在努力扭转这一局面。

广东乌龙茶：主产于粤东潮州潮安县凤凰山，统称为"凤凰水仙"。凤凰单丛茶选用凤凰水仙的优异单株鲜叶制成，有黄栀香、芝兰香、蜜兰香、玉兰香、桂花

●广东凤凰茶区

香、杏仁香、肉桂香、通天香等高香型单丛。凤凰单丛外形条索紧结、匀称、挺直、色泽油润，具天然花香，山韵、蜜味浓郁，汤色橙黄清澈明亮，滋味甘醇鲜爽，喉韵回甘强，叶底青蒂绿腹红镶边，极耐冲泡。以幽雅、清高、浓郁的自然花香，醇厚、爽口、回甘及特殊的蜜香味为其特色。饶平的白叶单丛以"微花浓密"的韵味见长，石古坪细叶乌龙则在香和味方面浓郁高长，独具特色。

台湾乌龙茶：台湾乌龙茶质量优异，享誉国际，品种花色繁多，如文山包种茶、松柏常青茶、木栅铁观音、冻顶乌龙茶、椪风乌龙茶及高山乌龙茶等皆各有其特色。简单以造型来区分，条索形主要是文山包种茶。制造文山包种茶的品种以青心乌龙最优，金萱、翠玉等质量亦佳，一般于谷雨前后采摘春茶，年中可采4～5次，以春、冬茶品质较佳。外形呈条索状，紧结自然弯曲，色泽绿翠富光泽，汤色蜜绿明亮，香气清雅带花香，滋味甘醇滑润富活性，有"香、浓、醇、韵、美"五大特色，香气愈浓郁质量愈高级。

颗粒形的乌龙茶在台湾多有出产，其中冻顶乌龙茶最具知名度。其产于台湾中部邻近溪头风景区，海拔500～800米的山区，是南投县鹿谷乡的特产茶叶。制造冻顶乌龙茶的品种以青心乌龙最优，台茶十二号（金萱）、台茶十三号（翠玉）等品质亦佳。以人工手采为主，一般于谷雨前后采小开面2～3叶茶青，年中可采4～5次，春茶醇厚，冬茶香气扬，品质上乘，秋茶次之。冻顶乌龙茶制作时经布球包揉，外观紧结成半球形，色泽墨绿，汤色金黄亮丽，香气浓郁，滋味醇厚甘润。

白毫乌龙茶为台湾所独有，又名椪风茶、东方美人。白毫乌龙产制于农历节气的"芒种"至"大暑"之间，采摘经茶小绿叶蝉吸食的青心大冇茶树嫩芽，一芽1～2叶。此茶以芽尖带白毫愈多愈高级，所以又称为"白毫乌龙"。其

●台湾乌龙茶叶底

外观不注重条索紧结，而以白毫显露，芽叶连枝，白、绿、红、黄、褐相间，犹如花朵为特色。汤色呈琥珀色，具熟果香、蜜糖香，滋味圆柔甘醇。

　　纵观三省四地的乌龙茶，其品质风格虽各异，但一致的规律在于：适制的品种带来特征明显的香味感受；适度成熟的采摘原料保证了原料中香气前体物质的含量较高，为未来的转化提供了可能；做青工艺环节适度地给鲜叶刺激带来机械损伤，加速了茶多酚的局部氧化和其他化学反应的进行；干燥过程中大量低沸点香气物质的散发使高沸点香气物质得以显露。人们常以乌龙茶的"韵"来形容乌龙茶的风格，正是品种、地域、工艺相结合，才造就了乌龙茶丰富的韵味。

乌龙茶的加工工艺对品质的影响

在基础的六大茶类中，乌龙茶以其复杂讲究的工艺而著称。就乌龙茶的初加工工艺而言主要有：萎凋、晾青、做青、炒青、揉捻、干燥，而在完成初制后还要再经过捡梗和焙火等工序。本节将就乌龙茶的加工工艺对品质的影响进行探讨。

鲜叶采摘：一般而言，乌龙茶的采摘标准相对成熟，通常是顶芽形成驻芽，选取叶片已中开面的3～4叶连同嫩茎一起采摘。这样做的原因在于较成熟的原料鲜叶中芳香物质及其前体丰富，类胡萝卜素和萜烯糖苷[1]等含量较高。另外，嫩茎中的内含物通过"走水"输送至叶细胞以增进香气的形成。但是，不同产区的乌龙茶风格有差异。闽北乌龙茶条索粗壮扭曲，原料采摘更成熟，有些茶可以达到大开面采摘；广东乌龙茶采摘较之细嫩些，通常在小开面到中开面的3～4叶；台湾的白毫乌龙要求带有细嫩的芽和白毫，有些甚至可以采摘一芽一叶的细嫩原料。

●乌龙茶采摘鲜叶

萎凋（晒青）：当前较常用的萎凋方式有日光萎凋（晒青）、室内自然萎凋、萎凋槽萎凋、综合做青机萎凋等。有些根据气候条件进行灵活选择，有些则采用几种萎凋方式相结合的方法进行。传统的乌龙茶制作比较重视日光萎凋，认为有条件的情况下，适度的日光萎凋（晒青）有助于后续摇青的效果，容易使乌龙茶产生良

---

[1] 萜烯糖苷：糖的衍生物与单萜烯醇通过碳原子连接而成的化合物。在茶叶鲜叶中存在丰富的芳香族醇和单萜烯醇糖苷，在鲜叶采摘、水分亏损、叶片损伤或昆虫叮咬等胁迫环境下，糖苷容易酶解释放出苷元，苷元即萜烯醇呈现出花果香。

好的香气。日光萎凋的作用主要在于使鲜叶在较短的时间里适度失水，叶质变柔软，同时叶温升高，加速叶片内的化学变化，各种酶的活性也随之升高。

采用萎凋槽或者综合做青机通热风萎凋时要注意适时进行翻动，摊叶的厚度不要过厚等。萎凋的时间和程度会根据季节、气候、品种、鲜叶含水量等进行灵活掌握，根本宗旨是在有节奏地失水的同时提高酶的活性，为后期的做青做好充分的准备。因此，萎凋的充分与否会直接影响乌龙茶的做青程度。生产中，失水过快，叶片短时间出现红变的萎凋叶并不一定适合做青，主要原因就是化学反应的时间不足导致的萎凋不充分。对于萎凋程度的把握，不少学者从不同角度提出了检测标准，如鲜叶减重率、第二叶下垂状态、嫩茎的脆性变化、叶片的某些酶活性等。充分的萎凋对于发挥乌龙茶良好的品种香气、降低茶汤中的苦涩感以及去除青味等都有非常重要的意义。

做青：做青是决定乌龙茶品质的关键工序，由摇青和晾青共同构成。每一次摇青的时间和转数，根据气候、品种、晒青程度而灵活调整，即"看天做青、看青做青"。晒青和做青作业促进了萜烯糖苷的水解和香气的释放，摇青的过程使叶片产生机械损伤从而加速了低沸点不良气味的散失。做青程度的轻重往往会直接带来香气的组成总量的变化。福建省农科院茶叶研究所曾以武夷肉桂鲜叶为原料，采用闽南乌龙茶加工工艺，并对不同做青强度对做青过程中香气组成和动态变化进行测试。结果表明，适当重摇可以加速香精油含量增加的速度，但过度做青又会导致香精油总量的下降。

各地乌龙茶中以台湾白毫乌龙茶的发酵程度最重，但值得注意的是，白毫乌龙的采摘和做青的原理与大多数乌龙茶不同。白毫乌龙采摘细嫩的原料，选取小绿叶蝉危害严重的一芽一叶到一芽二叶的青心大冇品种鲜叶。加工时没有机械重摇的过程，而是采取充分日光萎凋、室内萎凋与搅拌结合的方法。对照其他乌龙茶的工艺，白毫乌龙的风格形成应该与昆虫叮咬造成的应激反应有直接的关系，茶叶在受到胁迫的条件下（叮咬和闷热）萜烯糖苷容易酶解释放苷元，表现出果香的风味。就不同的茶类而言，日光萎凋（晒青）和摇青是造成乌龙茶和红茶不同香气类型的重要工艺因素，红茶的氧化反应活跃因而脂质降解产生的成分较多，乌龙茶则由水解生成高沸点香气成分居多。

摇青之后需要静置，这是水分在叶片和嫩茎中的重新分布、香气滋味物质在叶片的微循环以及青气等低沸点成分随着水分流失而散逸的过程。经过晾青，鲜

●晾青叶

叶由萎蔫重新恢复挺括，叶片颜色逐渐变浅，青气消失，花香慢慢显露。晾青充分的乌龙茶才能最大限度降低涩度，呈现醇和回甘、品种风味明显的特征。

●乌龙茶叶底的红边

　　做青叶在多次摇青和静置的过程中，初期主要解决走水和散发青气的作用，需要薄摊多吹风，摇青力度较轻，轻度发酵；在做青中期主要实现摇出红边，适度发酵，静置时摊青叶逐步加厚，吹风减少；到了做青后期，以发酵为主，注意香型和叶态达到要求。经过做青，叶片中的叶绿素被破坏，叶色从绿色转为黄绿，蛋白质水解，游离氨基酸增多，这些氨基酸在黄烷醇氧化过程中形成醛类香气物质。

炒青：当乌龙茶的发酵程度接近峰值时，就需要将做青叶进行"炒青"的工序，即高温中止茶多酚的氧化以及其他酶的活性。假如炒青叶升温不足或者炒青时间过短都有可能出现发酵反应没有完全停止的现象。

干燥：干燥工序的热物理化学作用，无论对于绿茶、红茶还是乌龙茶在发挥香气方面都有非常重要的作用。乌龙茶的干燥阶段也同样需要分次进行，毛火高温短时，足火低温长烘，毛火和足火之间需要充分摊凉回潮使水分重新分布，便于彻底干燥。日本学者竹尾忠一研究表明，在乌龙茶干燥进程中会产生具有焙炒香的1-乙基吡咯-2-醛等化合物。苗爱清研究表明，高温干燥处理使4-甲基-3-戊烯-2-酮、柠檬烯、（顺）-3，7-二甲基-1，3，6-辛三烯、芳樟醇及其氧化物（I、II）、3，7-二甲基-1，5，7-辛三烯-3-醇、4-氨基-2-甲基-苯酚、α-萜烯醇、丁香子酚、棕榈酸甲酯等化合物增加，使己醛、橙花叔醇[1]、吲哚[2]等减少；低温干燥处理使芳樟醇及其氧化物（I、II）、水杨酸甲酯、香叶醇等增加。干燥对于乌龙茶的意义主要在于稳定品质，将多余水分散失，使低沸点芳香物质逸散的同时，高沸点香气物质逐渐显露，茶汤的滋味特征基本定型，构成初加工茶的基本风格。

焙火：完成初加工的乌龙茶虽然品质风格初具，要形成其特有的"韵味"却仍然需要精制的过程。三省四地的乌龙茶在长期的实践中都对于精制阶段的焙火非常重视，认为这是构成乌龙茶特色的关键环节。初加工的乌龙茶经过拣剔茶梗和一段时间的存放后，需要进行拼配以及焙火等过程。各地叫法不同，但根本原理一致，均是通过低温慢火的方式使茶叶水分降至3%～5%，香型更加稳定，滋味变得更加醇厚而回甘明显。

当前的焙火方式主要有机械电焙和传统炭焙，前者操作更为简便，产量大且效率高；后者较为费事费力，成本较高，适用于高品质原料，并且由有经验的制茶师来完成。关于传统炭焙对乌龙茶品质的影响分析，王登良等在对单丛茶焙火前后的对比实验中指出，岭头单丛乌龙茶经过焙火工序后，多酚类物质缓慢氧化，茶黄素和茶红素少量减少，从而滋味变得醇厚。具有清新花香的芳樟醇、橙花叔醇等芳香物质的相对含量少量减少，其氧化物的含量有所增加；具有果香的芳香成分相对含量增加很多，如芳樟醇氧化物II、苧烯（柠檬果香）、β-紫罗兰酮（紫罗兰香）、

---

[1] 橙花叔醇：无色或淡黄色油状液体，沸点276℃；溶于乙醇，微溶于水。具有木香、花木香和水果百合香韵；是乌龙茶及花香型绿茶的主要香气成分。

[2] 吲哚：含氮化合物，在茶叶加工过程中经过热化学作用而形成的具有烘炒香的成分。

法呢烯等，而其香型向花蜜香型转化。

传统炭焙乌龙茶的过程是一系列复杂的热物理化学反应，不能简单视作单纯失水干燥的过程，茶多酚缓慢氧化导致含量减少，茶汤的涩度降低，加工前期产生的不良气味在焙火过程能够适当减少，同时，低温缓慢的加热方式使失水过程加长，茶叶能够在一定温度和湿度构成的小环境中发生后续的化学反应，对于茶汤滋味的丰富尤其重要。对于加热源木炭所发挥的作用，虽然行业中多有认同，但是受限于实验条件，目前未见有详尽的文献说明木炭加热产生热辐射的方式对于茶叶品质的影响原理。

1. 乌龙茶高香的加工工艺原理是什么？
2. 如何参照传统炭焙工艺改善机械焙茶？

品种对乌龙茶品质的影响

对于以香气和滋味见长的乌龙茶而言，品种对于品质的影响比其他茶类更加明显，这主要表现为特定的适制品种才能够把乌龙茶的韵味表现出来，而不少乌龙茶的成品茶在命名时更是使用品种名称作为商品名称。现就乌龙茶的品种对于品质的影响简要描述如下：

对色泽的影响：乌龙茶的品种丰富多样，呈现的鲜叶颜色也有各种类型，有些茶区会根据鲜叶的颜色对茶叶进行简单的分类。例如，广东乌龙茶会把叶色浅嫩绿的品种称为"白叶"，对叶色较深、偏墨绿的品种称为"乌叶"，长期的生产实践中对"白叶"和"乌叶"容易表现出的产品风格也有所研究。有些地区品种的颜色特征也成为茶叶命名的依据，如使用"黄棪"制成的黄金桂，干茶和茶汤都具有颜色偏黄的特征。另外，假如选择的品种茸毛较多，采摘较为细嫩，则加工的成品茶还可能带有部分茸毛，同样会影响干茶的色泽以及命名的方式，这样的品种如"毛蟹"、"白毛猴"等。

对香气的影响：乌龙茶的品种对香气的影响非常明显，如由红心观音制成的铁观音具有优雅爽快的兰花香，梅占品种制成的乌龙茶具有玉兰花香，黄棪适制的乌龙茶具有蜜桃香或桂花香，佛手种制成的乌龙茶具有雪梨香，金萱种制成的乌龙茶具有乳香等。

在对品种的香气成分的研究中，日本学者山西贞（1979、1994）研究了包种茶的香气组成，认为橙花叔醇、沉香醇氧化物、香叶醇、吲哚等的含量比茉莉花茶还高。竹尾忠一先后研究了福建铁观音和台湾乌龙茶的香气成分，结果表明，铁观音中橙花叔醇和吲哚的含量特别高。林正奎等人从4个乌龙茶品种中发现了12种特征香气成分，其中香叶醇、芳樟醇及其氧化产物和橙花叔醇所表现出品种的稳定性及品种之间的差异性，已在乌龙茶成茶香气成分分析比较中得到证实。

林春满在对适制凤凰单丛的几个高香品种的生物学调查实验中发现：品种不同，则发芽迟早有差异，叶片的大小、厚薄亦有不同，节间也有长有短，这给"做青"工艺的掌握提供了一定的科学依据。

适制乌龙茶的品种普遍具有成熟叶叶绿体出芽产生原质体、类胡萝卜素较多、淀粉颗粒扩大、具有较大的油滴等特点。类胡萝卜素会在加工过程中影响β-紫罗酮以及二氢海葵内酯的形成。所以，在生产实践中乌龙茶鲜叶的采摘总是以中开面的3、4叶为主。

在大量的生产实践中人们发现，乌龙茶的香气与品种的内含成分构成关系密切，但是乌龙茶香气品性的充分发挥却决定于加工工艺技术。乌龙茶的各种香型都有代表产物，各种香型的乌龙茶也具有其独特的赋香物质。

对滋味的影响：乌龙茶的制造过程中，由于茶多酚发生部分氧化（同时也适度保留），茶黄素、茶红素及茶褐素适量形成，茶汤的刺激感降低，但保留的部分茶多酚构成茶汤的浓度。茶树品种原有的和加工中形成的新的香味物质增加了茶汤的风味。

加工前期蛋白质部分水解形成游离氨基酸提高了茶汤的鲜甜感；果胶的适度水解形成可溶性果胶增加了茶汤的黏稠感。这种变化对于表现茶汤的厚度非常有利，同时适量的果胶带来的黏稠感可以颉颃由茶多酚和咖啡碱带来的苦涩感。

杨伟丽等人在对不同乌龙茶品种从鲜叶到成品茶的内质变化研究中发现：四种不同乌龙茶的鲜叶原料制成的成品茶中，咖啡碱、黄酮含量对于香气、汤色、叶底的综合评分均呈显著的负相关，茶多酚、氨基酸、可溶性糖、酯型儿茶素、游离儿茶素和儿茶素总量与内质评分呈显著的正相关。

总体而言，茶多酚的含量、咖啡碱水平的高低、氨基酸的含量构成茶汤滋味的基础，由品种所带来的茶叶的香气和滋味表现既具有一致性，又在某种程度上相互矛盾，有些时候，强调香气还是突出滋味只能两者选其一。为了解决某些品种在香气或滋味表达上的缺陷，乌龙茶在加工中会采取不同品种拼配的方法，均衡茶汤香气和滋味之间的协调感。

思考

1. 研发乌龙茶产品时，应该侧重乌龙的香气还是滋味？

2. 如何看待新品种培育和消费市场上追求"老丛"茶树品种的问题？

环境对乌龙茶品质的影响

生长环境与茶叶色泽：对于乌龙茶而言，由于原料较为成熟，加工过程中干燥充分，茶叶外形的颜色多数较为深重，生长环境对茶叶色泽的影响主要表现在表面润度方面。以台湾高山乌龙茶为例，生长于台湾中南部嘉义县、南投县内海拔1500米以上的高山茶区的乌龙茶常被叫作高山乌龙茶。因为高山地区气候寒冷，早晚云雾笼罩，平均日照短，以致茶树芽叶中所含的儿茶素类等苦涩成分含量较低，而茶氨酸及可溶性氮等对滋味甘醇有贡献的成分含量提高，且芽叶柔软，叶肉厚，果胶质含量高，因此高山乌龙茶具有色泽翠绿鲜活，滋味甘醇、滑软、厚重带活性，香气淡雅，汤色蜜绿及耐冲泡等特色。

同为出产武夷岩茶的正岩山场和丹岩山场相比，正岩茶区的武夷岩茶条索粗

●正岩产区的茶树

壮扭曲，色泽乌褐的同时，往往具有良好环境所赋予的"宝光"。如果对照正岩山场和丹岩山场的自然条件不难发现，正岩山场的茶园由于云雾笼罩和山脉遮挡等原因，每天的光照时间不足五六个小时，而丹岩山场的茶园地面开阔，光照强烈，茶叶的持嫩性较差。

另外，正岩山场茶园土壤多为岩石风化土，土壤含沙砾量多（接近30%），土层深厚，土壤疏松（孔隙度50%左右），土壤通气性好，有利于茶树根系的发展。而水分方面，溪流密布的正岩茶区水汽充足，山岩的渗水效果明显，基本不需要人为灌溉，而丹岩茶区多需要人为灌溉。土壤和水汽的区别造成了正岩茶区和丹岩茶区鲜叶厚度以及表面光润度的明显区别。

生长环境与香气：正如本书前面曾讨论过的，高海拔对部分高沸点香气累积有利，乌龙茶的主要产区有高山和低山之分，气温较低和较高区域也有不同类型的香气表现。高海拔区域出产的乌龙茶往往具有清雅、悠远、持久的香气特征，而一些低海拔区域出产的乌龙茶虽然香气比较浓郁，但是滋味容易苦涩，香味之间缺乏协调感，容易被判定为较低档的茶品。

除了水分、土壤等因素，茶园的生态也会对香气产生间接影响。但凡出产优质茶品的茶园往往具有良好的生态条件，苔藓类、草本、木本、水生植物与茶树共生，与多种类的动物、昆虫营造了协调的生态系统，此类茶园不容易暴发大面积的虫害和疾病。而许多品种单一、生态不佳的茶园，容易产生严重的虫害和疾病，也会影响茶叶的内质表现。

在茶叶香气与产地土壤条件之间的关系研究中，董迹芬等认为：钾肥的施用不仅能提高茶叶中四类与香气有关的挥发性物质的质量分数，而且增加的主要是具有良好香型的醇、醛、烯类物质的质量分数。土壤中磷和镁的质量分数也会对茶叶的良好挥发香气物质产生影响。由此可以理解：有机肥的氮、磷、钾和微量元素构成均衡，对茶叶品质更有益。

此外，不同季节里，由于光照、温度、湿度的差异，乌龙茶尤其是重发酵乌龙茶会表现出明显的季节香气差别，其中夏的香气成分较复杂，春、秋的香气成分较简单。有些秋季采制的重发酵乌龙茶也会表现出花蜜香持久、滋味浓醇回甘的特征，成为品质优异的好茶。

生长环境与滋味：对乌龙茶而言，有个性的香气和滋味特征自有其特定的物质基础。除了前面所讨论过的品种、工艺之外，土壤和气候条件对于乌龙茶韵味的

表现也尤其重要。武夷岩茶具有岩韵，铁观音具有音韵，凤凰单丛具有山韵，所对应的就是独特的生长环境。

姚月明在对岩韵的描述中谈到，武夷岩茶首重"岩韵"，锐则浓长，清则幽远，滋味浓而愈醇，鲜滑回甘。武夷正岩茶茶园中的土母岩绝大部分为火山砾岩，棕红色松散，通透性好，钾、锰含量高，酸度适中，其茶岩韵显。

在对凤凰单丛茶区的土壤研究中发现：凤凰茶区不少茶园的表土层是由片麻岩、砂岩、花岗岩风化形成，矿物质不断分解贮藏于土层深处。另外，地面上动物尸体和粪便、枯枝败叶的堆积与腐烂，使土壤中的腐殖质不断增加，提高了钾、镁、磷、锰等元素的含量。这些影响因素构成了凤凰单丛香锐、味浓、喉韵显的特征。

各地的优质乌龙茶虽然具有不同的风格特征，但是其韵味的凸显无一不是品种香显，茶汤滋味协调，品饮后有回味（喉韵），余韵犹存，齿颊留芳。其中尤以品饮的回甘变化最为微妙。而香和味的表现力与冲击力都会受到茶树生长的微域气候小环境之影响。

乌龙茶的审评实验设计

实验一 颗粒形乌龙茶的审评

1. 实验的目的

学习和掌握颗粒形乌龙茶的审评方法，了解颗粒形乌龙茶的品质风格。

2. 实验的内容

根据国家标准对几款颗粒形乌龙茶进行感官审评。

3. 主要仪器设备和材料

不同产地的颗粒形乌龙茶（如台湾阿里山乌龙、冻顶乌龙、梨山茶等）。茶叶样罐、样盘、通用型审评杯碗、汤勺、天平、计时器、叶底盘、吐茶桶、记录纸等茶叶感官审评全套设备。

4. 操作方法与实验步骤

外形审评：将样罐中的茶样倒入茶样盘中，使用摇盘、收盘、颠、簸等手法，能够将茶叶摇盘旋转展开，再通过收盘的方法将茶叶收拢。

观察茶样的颗粒紧结程度，茶叶色泽，茶叶的均匀程度和净度；通过手抓茶叶自然落下的方法观察茶叶的身骨重实程度。

内质审评：参考《茶叶感官审评方法》（GB/T 23776–2009）中颗粒乌龙茶的通用方法，将茶叶上下、大小混合均匀，从干评茶样中取样3.0～5.0g，以1:50的比例放入审评杯中，冲入100℃沸水至口沿后加盖，计时6分钟后沥汤。看汤色，嗅香气，尝滋味，看叶底。

汤色注重颜色、亮暗程度、清浊状况等，干燥方法不同，茶汤的颜色深浅会有一定的变化范围。

香气审评分三次进行，按照热嗅辨纯异、温嗅辨浓度类型、冷嗅辨持久度来进行，主要辨别乌龙茶的品种香、工艺香和地域香以及三者的有机结合，对于香气

中表现出的工艺问题需要特别注意。

滋味审评茶汤的浓淡、醇涩、爽钝及品种风味等特点，对于滋味中的品种特征和地域特征尤其需要注意。

看叶底主要判断发酵程度、叶张的厚实柔软程度、展开程度等，注意品种之间有无掺杂。

5. 实验数据记录和处理

根据不同花色、不同产地的颗粒形乌龙茶的审评结果撰写评语，填写审评报告单。如表4-1所示。

表4-1　乌龙茶品质因子审评系数（％）

茶类	外形	汤色	香气	滋味	叶底
颗粒乌龙茶	20	5	30	35	10
条形乌龙茶	20	5	30	35	10

思考

1. 颗粒形乌龙茶常见的品质问题有哪些？

2. 针对颗粒形乌龙茶的风格特点，冲泡时应该注意的事项有哪些？

实验二　条索形乌龙茶的审评

1. 实验的目的

学习和掌握条索形乌龙茶的审评方法，了解条索形乌龙茶的品质风格，比较不同产地条索形乌龙茶的区别。

2. 实验的内容

根据国家标准对几款条索形乌龙茶进行感官审评。

3. 主要仪器设备和材料

不同产地的条索形乌龙茶（如武夷岩茶、凤凰单丛等）。茶叶样罐、样盘、白瓷盖碗（110mL）、乌龙茶审评碗、汤勺、天平、计时器、叶底盘、吐茶桶、记录纸等茶叶感官审评全套设备。

4. 操作方法与实验步骤

外形审评：将缩分后的有代表性的茶样一份200～300g，置于评茶盘中，双手握住茶盘对角，反复察看，比较外形。

条索形乌龙茶主要观察条索的粗细、紧结程度与平伏扭曲程度，色泽主要观察颜色深浅（乌褐、褐黄、青褐等）和是否具有"宝光"。

内质审评：先用沸水将评茶盖碗和汤碗烫热，随即称取有代表性茶样5.0g，置于110mL倒钟形评茶盖碗中，迅速注满沸水，并立即用杯盖刮去液面泡沫，加盖。1分钟后，揭盖嗅其盖香，评茶叶香气；2分钟后将茶汤沥入评茶碗中，用于评汤色和滋味，并闻嗅叶底香气。接着第二次注满沸水，加盖，2分钟后，揭盖嗅其盖香，评茶叶香气；3分钟后将茶汤沥入评茶碗中，再评茶水的汤色和滋味，并闻嗅叶底香气。接着第三次再注满沸水，加盖，3分钟后，揭盖嗅其盖香，评茶叶香气；5分钟后将茶汤沥入评茶碗中，再用于评汤色和滋味，比较其耐泡程度，然后闻嗅叶底香气。最后将杯中叶底倒入叶底盘中，加清水漂看以审评叶底。

5. 实验数据记录和处理

根据不同花色、不同产地的条索形乌龙茶的审评结果撰写评语，填写审评报告单。注意辨别闽北乌龙茶和广东乌龙茶之间的区别以及审评冲泡时不同泡茶汤的内质表现。

> **思考**
>
> 1. 分析武夷岩茶的"岩韵"特征。
> 2. 同为武夷岩茶，水仙和肉桂在内质风格上存在哪些区别？
> 3. 辨识和分析广东乌龙茶不同香型的凤凰单丛的特征。

附 乌龙茶常用评语

干茶外形评语

蜻蜓头：茶条肥壮，叶端卷曲，紧结似蜻蜓头。

螺钉形：茶叶造型拳曲如螺钉形，紧结、重实，又描述作"蝌蚪状"。

壮结：茶条壮实而紧结。

扭曲：叶端褶皱重叠的茶条，多见于武夷岩茶。

砂绿：色如蛙皮绿而有光泽，是优质乌龙的一种色泽。

青褐：色泽青褐带灰光，又称宝光。

鳝皮色：砂绿蜜黄似鳝鱼皮色。

蛤蟆背色：叶背起蛙皮状砂粒白点。

乌褐：乌中带褐色，有光泽。

枯燥：干枯无光泽。

汤色评语

蜜绿：汤色清澈，绿中略带微黄，是轻发酵乌龙茶的常见汤色。

蜜黄：汤色黄而稍浅，清澈，是发酵适中、焙火较轻的乌龙茶常见汤色。

金黄：茶汤清澈，以黄为主，带有橙色。

橙黄：黄中带微红，似橙色或橘黄色。

橙红：橙黄泛红，清澈明亮，是中度以上发酵、烘焙程度较深的乌龙茶常见汤色。

红汤：浅红色或暗红色，常见于陈茶或烘焙过度的茶。

香气评语

岩韵：香味方面具有特殊品种香味特征，兼具地域特征，具有岩骨花香的风格，为武夷岩茶所特有。通常使用"有岩韵"或"岩韵显"来形容。

音韵：香味方面具有品种香、地域香和工艺香结合的特征，清幽隽永，是铁观音茶特有的风格。

馥郁：带有浓郁持久的特殊花果香，称为浓郁；比浓郁更雅和更有层次感的，称为馥郁。

清高：香气清长，但不浓郁。

闷火：乌龙茶烘焙后，没有及时摊凉而形成的一种令人不快的火功气味。

急火：烘焙升温过快、火候过猛所产生的不良火气。

滋味评语

浓厚：味浓而不涩，浓醇适口，回味清甘。

鲜醇：入口有清鲜醇厚感。

醇厚：浓纯可口，回味带甜。

醇和：味协调而带甜，鲜味不足，无粗老杂味。

粗浓：味粗而浓，入口有粗糙辣舌之感。

苦涩：苦而带涩，是做青不当、原料采摘不当所致。

老火：烘焙过度而导致味道带有过量的火功味。

叶底评语

绿叶红镶边：做青适度，叶缘朱红或鲜红明亮，中央浅黄绿色或青色透明。

柔软、软亮：叶质柔软称为"柔软"，加之叶色发亮有光泽称为"软亮"。

青张：无红边的叶色叶片，多为单张。

暗张：叶张发红，夹杂暗红叶片的称为"暗张"。

附　乌龙茶常见品质弊病

外形的形状与色泽常见品质弊病

形状松匀：嫩度适当，条索欠紧结，表现为空松的条形或球形，缺乏重实感。

形状粗松：与原料粗老关系密切。

形状断碎：断碎，长短、大小参差不齐，片碎茶多。与工艺不当或包装运输不当有关。

色泽枯燥：色枯无光泽，由原料粗老等所致。

色泽乌燥：表现为色乌不润，多为火功不当引起。

色泽乌褐：乌不润，褐色无光，暗黑无光。与季节、水分控制等不良有关。

色泽青枯或青红枯：茶色泽青绿或枯红与青绿夹杂。常见与做青不足或品种原料不适合有关，往往出现内质味青或青涩感明显。

香味常见品质弊病

生青：与做青、杀青不足有关。

青闷气：热嗅有青香，温嗅有青闷气，叶底气味生青。

粗青：带有粗老气和青叶气味，因原料偏粗老，加上做青不足所致。

发酵气：摇青不匀、老嫩叶差异大。

焖熟味：包揉温度偏高，时间过长。

青涩：做青、杀青不足。

苦涩：做青中青叶走水不良。

回味苦：茶汤浓涩或粗涩、有苦味，回味带苦无甘，常见于夏茶或较嫩的原料，单丛类的秋茶味硬、回味清苦。

酵味：香味低弱不爽、夹带发酵的气味；多为做青过度引起。

馊味：香气低闷、茶味青馊夹杂，不酸，但有使人不快的青馊味。出现于杀青不熟透、定型时间过长的包揉茶。

渥红味：做青过度，或做青不均匀引起。

滋味淡薄：凉青过度、原料偏粗老引起。

焦味：与炒青温度太高，炒青程度不匀，部分生叶炒焦；或干燥中温度偏高，或连续长时高温等有关。过度高温还可能产生炭焦气味。

汤色和叶底常见品质弊病

红汤：浅红色或暗红色，常见于陈茶或烘焙过头的茶。

青浊：做青不足，茶汤青黄色，加上杀青不透，揉捻或包揉后，引起茶汤浑浊。

浑浊：与杀青不足、揉捻偏重、包揉压力偏重等因素有关。

焦浊：茶汤焦末多，大多为炒青局部温度过高，焦边焦叶，带来焦末多。

死红张：有深暗褐的叶张或半叶，卷缩不开展，夹杂死红叶片的为"死张"。与做青关系大，如摇青过重，嫩叶部分早红变。

青张：无红边的青色叶片。摇青偏青，或做青间温度过低引起。若青张多，则汤青，味不醇。

暗张：夹杂暗红叶片的为"暗张"，摇青前期偏重。往往香味浊或低淡。

焦黑：烘焙温度过高，叶底局部焦条，冲泡时欠展。

叶底硬挺：做青不足或做青温度过低，呈青硬状。

叶底粗硬：茶青粗老。

叶底暗黄：杀青闷炒过多，茶青粗老，呈枯黄色。

叶底青绿：杀青不足。

叶底褐红：采摘不当，晒青焦伤，做青不当，导致叶底褐红，鲜红度差，红中带黑，杀青不足不均匀也会产生此现象。

叶底不清：有红筋、红叶、伤红条，此种在香味上带黄红味，青绿和红变混杂，整叶红边，在香味上表现出生味和红浊味的混合味，欠纯。

乌龙茶的品鉴——不同类型乌龙茶的冲泡体验

冲泡体验一

茶名：白毫乌龙（东方美人）。

用水：娃哈哈纯净水。

冲泡器皿组合：白瓷线描盖碗、玻璃公道杯、敞口高足白瓷线描茶盏，茶水比1∶30。

时间：白露（白毫乌龙又名东方美人，取其滋味柔滑细腻甜美之意，蒹葭苍苍，白露为霜，所谓佳人，在水一方）。

冲泡流程：以茶则量取适量茶叶备用，沸水烫洗盖碗、公道、茶盏，置茶于盖碗，欣赏干茶，沸水入公道凉汤，盖碗加少量水浸润干茶，旋转盖碗使茶、水充分接触浸润，将公道中的水置入盖碗，加盖约浸泡20秒，沥汤入公道，透过玻璃公道欣赏茶汤，以汤色浅金黄、明亮为佳，分汤入盏品茗。

品鉴：白毫乌龙因夏季受小绿叶蝉叮咬吸食而独具风格，品饮时茶汤具有果香蜜韵。以瓷盖碗冲泡取其香扬易散热之利，线描盖碗大方得体，颇具民国茶范。玻璃公道显露汤色，典型的东方美人汤色浅金黄明亮，似淡实浓。高足敞口线描茶盏取其形如美人，光华内敛，气韵典雅之意。

●东方美人冲泡方案

冲泡体验二

茶名：蜜兰香单丛。

用水：农夫山泉。

冲泡器皿组合：潮汕朱泥壶、粗砂铫、白瓷小品茗杯、茶海，茶水比1∶20。

时间：寒露（中秋将至，茶品宜选在半绿半红之间，单丛香气高锐，自有晴空一鹤排云上之爽朗）。

冲泡流程：置茶于纸备用，潮汕工夫泡法，水过砂而甜，沸水冲泡，每次烫洗瓷杯，高温激发茶香，出汤迅速，茶汤在壶中不滞留，力求香扬水滑。

品鉴：广东乌龙茶自成一格，以蜜兰香单丛为大宗常见香型。风格典型之单丛兼具山韵蜜味，品饮时香气高锐持久，滋味浓爽回甘，若以砂铫煮水则更增茶汤之醇厚。茶汤味浓，不宜牛饮，白瓷杯细小最洽。刘禹锡有诗云："自古逢秋悲寂寥，我言秋日胜春朝；晴空一鹤排云上，便引诗情到碧霄。"

●蜜兰香单丛冲泡方案

冲泡体验三

茶名：武夷铁罗汉。

用水：农夫山泉。

冲泡器皿组合：老紫泥紫砂壶、瓷质公道盅、白瓷敞口小品茗杯，茶水比1：25。

时间：霜降（岩茶焙火工艺最为讲究，从初制到焙火完成历经春、夏、秋三季，上市已然中秋，霜降芦花红蓼滩，宜饮武夷岩茶）。

冲泡流程：置茶于茶则备用，沸水淋壶烫杯，置茶于紫砂壶，沸水回旋注入，刮沫加盖淋壶，沥汤于公道盅，开紫砂壶盖透气，分汤入杯品茗。

品鉴：武夷岩茶之精华在于岩韵，铁罗汉之特征在于滋味厚实饱满，浓醇茶汤入喉回甘渐显，香气幽然而起，持久绵长，口腔乃至身体无不熨帖。以气孔丰富之紫砂壶冲泡，出汤迅速，汤色橙红，香蕴于水，品茗杯宜小，三口啜饮，或可得岩韵之活。

●武夷铁罗汉冲泡方案

闲时茶话之一

芳树

（对东方美人的了解是一个循序渐进的过程，在这个过程中，我从对它的想象到近身接触，再到产生感悟，后来又有了关于它的茶艺节目的解说词创作，既像茶树的成长，又像我们每个人的成长。）

庭院的矮墙外，有一棵开花的树。

夏日的暖风中，树上花轻轻摇曳。

村边的山坡上，有一片繁密的茶。

芒种的时节里，浮尘子轻舞飞扬。

竹匾里的嫩芽上，是星星点点的伤。

忍耐和磨砺之后，化作了花开的模样。

岁月的河流里，有一滴我流过的泪。

杯盏的茶汤中，酿出了一丝清芳。

闲时茶话之二

碧水丹山人未老

　　算起来，学茶的过程中与武夷山的缘分算是最久的了。从2002年第一次跟随师长游学到如今我也常常来此教学，其间人和物都变化了许多，唯一不变的大概就是那里的山水吧！

　　第一次从杭州去武夷山还是坐了连夜的大巴车，路途遥远，车居然开了整一个晚上才到，一群小年轻到了宾馆安顿时，个个全是油光满面，眼神游离。没想到老师们居然立刻安排了武夷山的姚月明老师给大家做讲座，眼睛困得睁不开还得强打精神在那里听着。

　　姚老师献身茶叶一辈子，对武夷岩茶有很深的感情。他讲起岩茶的"岩韵"，说那是一种"骨头味"，茶叶中有岩石的

●崇安茶叶研究所原碑

骨感？别说当时瞌睡昏寐，就是清醒着也不好理解其中的妙意。他描述起三省四地乌龙茶的特征时，特别对武夷岩茶用到了这样四个字："活、甘、香、清。"其中活字当头，第一等好的岩茶应该有"活"的味道。这些对于那时的我们而言，确实有点摸不着头脑，可是记住了这些反复锤炼过的词语，在若干年后才会有恍然大悟的一刻。

　　在武夷山的日子里，几乎每天都是人在画中游，武夷奇秀甲于东南，山峰奇秀、溪水含翠。一路上看到山峦遮挡着阳光，岩石中渗透着流水，坑涧中依次分布着高大的树木、低矮的灌木、溪水边的小草以及潮湿岩石上的苔藓，在这其中生长的就是茶，各种品种的茶，各种形态各异叫不上名字的茶。空气中带着湿润的水汽和腥鲜的苔藓气味，路边的溪水里有各种大小的游鱼。"活"是一种味道吧，或者是一种状态。

后来成了老师，努力促成了自己的学生们也来武夷山学习，并且把到访过的琪明茶叶研究所变成了我们的实习基地。来得次数多了，渐渐看出岩上的生态与坑涧当中是很不同的，最好的山场的茶树都生长在岩石风化的沙壤土中，风化的沙壤中含有多种矿物质和微量元素，带给茶树的营养也就不同，但要说全是因为这个，又太绝对。树龄老的茶树有不少挂满了苔藓，想象着或许这就是"枞味"的来源，似乎又不尽然。

　　四五月的时候，正是岩茶采摘初制的时节。最好的原料向来是要工人们用扁担挑进厂里加工的，若是核心的产区，意味着挑夫要走不少的山路。挑进厂的鲜叶要经过日光的萎凋、晾青、摇青、静置、炒青、揉捻、干燥等工序，其中摇青的过程最耗人工。手工摇青的，没有相当长时间的锻炼，无法做到动作到位，而且每一次摇青的长短、轻重都有所不同，需要把关的师傅安排得当。摇动水筛的时候，青气会随着叶片与竹筛的摩擦而散发，静置的时候茶叶发生了转化才会散发香气。

　　岩茶从5月里完成初加工，再经历多次焙火，直到中秋的时候才能上市，其间焙火的火候更是岩茶工艺之精髓。带着学生们去焙茶间体验的时候，发现工人们

●岩茶核心区

连焙火的炭灰都刮抹成非常平滑的圆弧形，这样焙笼上的茶叶受热面更加大也更加均匀。焙笼的设计科学而巧妙，并且有着悠久的历史。蔡襄在《茶录》中谈及茶焙："茶焙编竹为之，裹以箬叶，盖其上，以收火也。隔其中以有容也。纳火其下，去茶尺许，常温温然，所以养茶色、香、味也。"描述的正是竹编的焙笼在养茶色、香、味中所发挥的作用。那么岩茶的岩韵是依靠炭火温温然催发出来的醇厚滋味吗？

每次带队来实习，御茶园也是必到的一处。当年在忽必烈时代就修建的皇家茶园昭示了茶叶对于元朝政府的重要性，而后来崇安茶叶试验场又把这里建设成了培训良种的基地，拼配的大红袍也是从这个地方诞生的。从御茶园出来的小路上有一块很大的草坪，景色看上去很美，我第一次来的时候拍过一张照片，后来每次来就同样的位置再拍一张。结果发现，除了来的时间不同、植物的颜色有所差异外，山水基本上没有什么改变，老的是人呢！

有一次带茶友们走访一家茶企，赫然看见墙上挂着的是2002年的时候我们走访企业与姚老的合影，才知道原来姚老在给我们上过课的第二年就离世了，物是人非，一时间不胜唏嘘！

读清代梁章钜的《归田琐记·品茶》曾有这样的记载："一曰香，花香、小种之类皆有之。今之品茶者，以此为无上妙谛矣，不知等而上之，则曰清，香而不清，犹凡品也。再等而上之，则曰甘，清而不甘，则苦茗也。再等而上之，则曰活，甘而不活，亦不过好茶而已。"梁氏著述甚丰，《归田琐记》这样的书原本也不是重要文章，但是细微处能窥见大格局，香、清、甘、活之论说的是茶，又何尝不适用于人呢？

至此，我才知道这"活、甘、清、香"的顺序的真正由来，不过距离那次听课已经过去13个年头了。人固然是远去了，可是一代代的制茶人，将心血倾注于茶，把山水的灵气凝结于茶，才有了武夷岩茶之"岩韵"。这样的岩韵是自然条件的丰厚馈赠，是品种生态的良好体现，也是人力竭尽所能而达到的高度；这样的岩骨花香是所有优良条件有机结合在一起而共同造就的，也应该会和碧水丹山一样不老吧！

第五章

白茶的审评与品鉴

——迈过岁月的河流

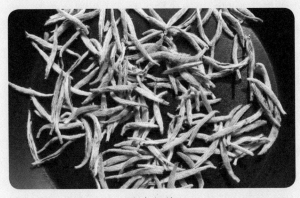

白毫银针

白茶也是我国的特有茶类。它利用茶树芽叶满披白毫的特点，加工时不炒不揉，成品茶外形满披白毫，故称"白茶"。白茶主要产于福建省福鼎、政和、建阳、松溪、建瓯等县市；白茶产品主要有白毫银针、白牡丹、贡眉、寿眉。

白茶在相当长的时期内属于特种外销茶类，等级较高的花色销往欧洲市场，贡眉、寿眉等产品销往新加坡、马来西亚等国家以及我国港澳地区，在内地的消费和流通较少，知名度较小。在白茶产区的茶农生活中，白茶的制法更接近中草药的炮制方法，陈年白茶也多作为具有退热降火、祛暑功效的保健茶使用。近年来，随着白茶保健功效研究的深入，陈年白茶越来越多地受到消费者的青睐。

白茶的分类与特征

白茶的分类方法既可以根据茶树品种不同分为大白、小白和水仙白；也可以根据原料的嫩度等级不同分为白毫银针、白牡丹、贡眉和寿眉；其划分依据不同，命名各异。

关于白茶最早的创制，不少学者认为起源于清代乾隆至嘉庆年间的建阳。建阳的茶农选用当地的菜茶群体种幼嫩芽叶采制而成披白毫的茶叶，俗称"小白"，又名"白毫茶"。19世纪初，政和县铁山乡人种植大白茶品种，至19世纪末改用大白茶的单芽试制银针成功，后世的白毫银针多数使用大白茶品种制作。

水仙白的产生缘于道光初（1821年）建阳水吉镇水仙茶树被发现和利用。同治九年（1870年）左右，水吉镇茶农以大叶茶芽制"银针"（芽茶），并首创"白牡丹"。民国时期，水吉镇的茶农还多数使用水仙品种的嫩梢"挑针"制作银针，余下的制作白牡丹，称为"水仙白"。水仙白毫心长而肥壮，有白毫，叶张肥大而厚，叶柄有沟状特征，色灰绿带黄，毫香比小白重，滋味醇厚超过大白，曾经多被用于拼配其他白茶，以提高香气和滋味。

白毫银针、白牡丹、贡眉、寿眉的等级划分主要根据原料嫩度和适制性。

白毫银针：属于芽形白茶，采用大白茶肥壮芽头制成，芽壮毫显，洁白如银，产地不同，品种和制法稍有区别。早时将福鼎所产的称为北路银针，政和县所产的叫南路银针，前者使用福鼎大白茶作为原料，后者则是政和大白茶。

白毫银针的内质香气清鲜，毫味鲜甜，滋味鲜爽微甜，汤色清澈晶亮，呈浅杏黄色，叶底全芽肥壮厚实而柔软。

白茶不炒不揉，白毫银针只取单芽的做法，与历史上北苑贡茶中的"银线水芽"有相似之处。据《宣和北苑贡茶录》记载：宣和庚子年，漕臣郑可简创制"银线水芽"，压制成饼，称"龙团胜雪"，是宋代贡茶。明代田艺蘅《煮泉小品》记载芽茶制法：芽茶以火作者为次，生晒者为上。建阳古属北苑，由此可见，白毫银针的产生有历史和地域的渊源。

在国家标准GB/T 22291-2008中对于白毫银针的感官品质做出了详细的要求。见表5-1。

表5-1　白毫银针的感官品质要求

级别	外形			
	叶态	嫩度	净度	色泽
特级	芽叶肥壮、匀齐	肥嫩、茸毛厚	洁净	银灰白富有光泽
一级	芽叶瘦长、较匀齐	瘦嫩、茸毛略薄	洁净	银灰白

级别	内质			
	香气	滋味	汤色	叶底
特级	清纯、毫香显露	清鲜醇爽、毫味足	浅杏黄、清澈明亮	肥壮软嫩、明亮
一级	清纯、毫香显	鲜醇爽、毫味显	杏黄、清澈明亮	嫩匀明亮

白牡丹：属于花朵形白茶，最早创制于建阳水吉镇。白牡丹采用一芽二叶初展嫩梢制成。绿叶夹银白毫心，叶背垂卷，形似花朵而得名。叶色面绿背白，称之为"青天白地"。叶脉微红，夹于绿叶、白毫之中，因而有红装素裹之誉。白牡丹的成品茶也有大白、小白、水仙白之分，品质有差异。由于白牡丹的原料兼具芽毫和嫩叶，所以汤色杏黄明亮而深于银针，香气清鲜而带毫香，滋味醇和爽口，叶底嫩匀成朵而柔软。

根据国家标准的要求（GB/T 22291-2008），白牡丹从特级到三级共有四个等级，具体的感官品质要求见表5-2。

表5-2　白牡丹的感官品质要求

级别	外形			
	叶态	嫩度	净度	色泽
特级	芽叶连枝、叶缘垂卷匀整	毫心多肥壮、叶背多茸毛	洁净	灰绿润
一级	芽叶尚连枝、叶缘垂卷尚匀整	毫心尚显尚壮、叶张嫩	较洁净	灰绿尚润
二级	芽叶部分连枝叶缘尚垂卷尚匀	毫心尚显、叶张尚嫩	含少量黄绿片	尚灰绿
三级	叶缘垂卷、有平展叶、破张叶	毫心瘦稍露、叶张稍粗	稍夹黄片蜡片	灰绿稍暗

续表

级别	内质			
	香气	滋味	汤色	叶底
特级	鲜嫩、纯爽毫香显	清甜醇爽毫味足	黄、清澈	毫心多、叶张肥嫩明亮
一级	尚鲜嫩、纯爽有毫香	较清甜、醇爽	尚黄、清澈	毫心尚显、叶张嫩、尚明
二级	浓纯、略有毫香	尚清甜、醇厚	橙黄	有毫心、叶张尚嫩、稍有红张
三级	尚浓纯	尚厚	尚橙黄	叶张尚软有破张、红张稍多

　　贡眉：传统白茶除了白毫银针、白牡丹外，尚有贡眉和寿眉，其制法与白牡丹大致相同，鲜叶的要求不及白牡丹严格。贡眉也属于花朵形白茶，只是芽心多瘦小，叶张硕大而开展，多采用小白品种制成。干茶中仍可见芽心白毫，造型次于白牡丹。汤色也较白牡丹更深，香气和滋味中的毫香特征不明显。

　　在国家标准GB/T 22291-2008中也对贡眉从特级到三级的感官品质做出了规定。如表5-3所示。

表5-3　贡眉的感官品质要求

级别	外形			
	叶态	嫩度	净度	色泽
特级	芽叶部分连枝、叶态紧卷、匀整	毫尖显、叶张细嫩	洁净	灰绿或墨绿
一级	叶态尚紧卷、尚匀	毫尖尚显、叶张尚嫩	较洁净	尚灰绿
二级	叶态略卷稍展、有破张	有尖芽、叶张较粗	夹黄片、铁板色、少量蜡片	灰绿稍暗、夹红
三级	叶张平展、破张多	小尖芽稀露叶张粗	含鱼叶、蜡片较多	灰黄夹红稍暗
级别	内质			
	香气	滋味	汤色	叶底
特级	鲜嫩，有毫香	清甜醇爽	橙黄	有芽尖、叶张嫩亮

续表

级别	内质			
	香气	滋味	汤色	叶底
一级	鲜纯，有嫩香	醇厚尚爽	尚橙黄	稍有芽尖、叶张较亮
二级	浓纯	浓厚	深黄	叶张较粗、稍摊、有红张
三级	浓、稍粗	厚、稍粗	深黄微红	叶张粗杂、红张多

　　寿眉：寿眉的原料是白茶品种中最老的一个等级，只有叶片和较长的梗。由于梗细长而弯曲，形似寿星的眉毛而得名。寿眉叶片成熟而色深，汤色也较深，香气和滋味纯正而稍带粗老气味，叶底多单张、红张。

工艺和贮藏对白茶品质的影响

在六大茶类中，白茶的工艺最为简略，只有萎凋和干燥两个环节，但是处理起来却非常难以掌握要领。另外，白茶在贮藏期间又会产生微妙的品质变化。现将加工工艺以及贮藏对白茶品质的影响说明如下：

鲜叶采摘：白茶的外形强调满披白毫、姿态优美的特点，在制作较高等级的白茶时，原料的一致性就尤其重要。白毫银针强调芽头肥壮，白毫满披，色泽银绿隐翠，通常选择大白茶品种，采摘时不采病芽、雨水芽、虫蛀芽、空心芽、紫色芽等。初步采摘的原料只能称之为"毛针"。对于这些鲜叶还要进行"挑针"，把连接的叶片、鱼叶等剥离干净，保证加工时原料的匀整和净度。白毫银针的采摘一般采摘春茶头轮新梢的单芽，因头轮新梢单芽肥壮，毫心特大，白毫显露，故所制白毫银针品质最佳。同时采摘银针要选择晴天，尤以北风天最佳，因晴天气温高、湿度低，茶青失水较快，可以制出芽白梗绿的、形质俱佳的高档银针。

●全芽采摘的银针

白牡丹是花朵形白茶，造型要求两叶抱一芽，芽心要求肥壮，茸毛多而洁白，叶片细嫩初展不能过于成熟，以确保成品茶造型优美自然。低级白牡丹可采一芽二、三叶，鲜叶要求"三白"，即嫩芽和第一、二叶均密披白毫，芽叶连枝，完整无损。

萎凋：白茶萎凋的过程是茶叶缓慢失水的过程，芽叶失水的速度与萎凋用具和摊叶的厚度有关。萎凋过程中，叶尖、叶缘及嫩梗失水较叶内细胞快，叶背（有气孔）失水较叶片快，引起面、背张力不平衡。当芽叶经过36小时以上的萎凋后，会出现叶缘背卷、叶尖与梗端翘起的现象，此时应及时进行并筛或翻动。

萎凋是形成白茶色泽的关键工序，它需要多酚类化合物轻度而缓慢地氧化，这是在多酚氧化酶和过氧化物酶的参与下完成的。因此，酶活性的高低和催化反应的强烈程度决定了白茶的色泽。在一定范围内，温度越高，催化反应越剧烈，多酚类化合物氧化越强烈，会导致白茶的红变，而在较低的温度下，多酚类化合物可缓慢地氧化，从而为白茶特有色泽的形成奠定物质基础。

萎凋过程中，叶内水分散失和细胞液浓度升高，细胞液酸度升高，叶绿素向脱酶叶绿素转化。叶色从嫩绿、绿翠的色泽向灰橄榄色和暗橄榄色转化。另外，胡萝卜素、叶黄素及后期多酚化合物氧化缩合形成的有色物质也参与白茶色泽的形成，构成了白茶以绿色为主，夹有轻微黄红色，并衬以白毫，呈现出灰绿显银毫光泽的特征。

萎凋的过程对于白茶而言，既是水分散失青气透发的物理变化过程，也是酶活性升高、多酚类缓慢氧化的化学变化过程。因此，掌握好萎凋环境温度、湿度、通风情况和摊叶厚度就显得格外重要。生产中萎凋的方式既有自然萎凋的方式，也有室内加温萎凋，还有控温控湿的创新萎凋方式，根本原则就是通过调节温度、湿度和气流，使茶叶较充分地完成物理和化学的变化过程。

对于白茶而言，萎凋不足，容易出现成品茶色泽绿，香气透青气，滋味青涩，叶底青暗等问题。萎凋时温度过高，容易导致叶内多酚化合物氧化剧烈，出现红变，使茶汤变红，香气可能出现酵气而缺少清悦细腻的风格。萎凋进行中忌用手触碰和翻动茶叶，主要是为了防止芽叶因外力损伤而红变。

干燥：干燥是白茶的定色阶段，它对固定品质、提高香气有重要作用，并使之达到一定的含水要求。萎凋适度的茶叶应及时干燥，防止变色变质。高级白茶用焙笼烘焙，中低级白茶用烘干机烘焙。根据实际情况可以选择一次干燥或者分次干

燥，主要原则是降低水分的同时避免温度过高使茶叶变色而失去风格。干燥过程忌高温忌长时，因为在较高温度和一定含水量的情况下，可能会发生叶内的剧烈多酚氧化而导致红变，使白茶失去其典型风格。

贮藏：在白茶的产区有关于白茶"一年茶、三年药、七年宝"的说法，这意味着人们认为随着白茶贮藏时间的延长，具有比当年白茶更好的保健功效。随着研究的深入，国内外学者有发现白茶在调节血脂、调节免疫功能和消炎解毒方面的功效。同时，人们对于贮藏期间白茶内含成分的变化进行了研究，期望解释陈年白茶所表现出的保健效果。

周琼琼等人所做的不同年份白茶的主要生化成分分析研究发现，茶多酚随白茶存放年限而变化，存放20年的白茶茶多酚含量明显减少，其原因可能是贮藏过程中多酚类物质的非酶性氧化，并聚合形成褐色物质，使茶汤色泽加深。该项研究的结果还显示，茶多酚中儿茶素组分也同样随贮藏时间的延长而减少，大部分降解或转化为其他物质。

在不同贮藏年份白茶的生化成分研究中，人们发现随着年份而增加的茶叶有效成分主要是黄酮，存放多年的白茶儿茶素、氨基酸、咖啡碱的含量都有不同程度的降低，但是黄酮的含量却很高，其原因可能是茶叶在贮藏过程中多酚类物质结构发生了转化，促进了黄酮类物质的形成。

黄酮类化合物具有较强的抗氧化作用和清除自由基的能力，还具有抗菌、抗病毒、抗肿瘤和降血脂等多种生物活性，是茶叶发挥保健作用的重要功能成分。陈年白茶中黄酮类含量较新茶中高，这为民间俗语"一年茶、三年药、七年宝"的说法提供了科学依据与理论支撑。

品种对白茶品质的影响

和乌龙茶这类注重独特品种香气和滋味的茶叶不同，白茶的香气清悦淡雅，滋味清甜醇和，品种对于白茶品质的影响侧重于外形色泽部分以及滋味醇和部分。

对色泽的影响：高等级的白茶在外形上大多要求芽心肥壮，茸毛满披，色泽银绿隐翠。在挑选茶树品种时，茸毛含量的多少以及芽头的肥壮程度就决定了品种的适制性。

在对茸毛的生化成分分析的研究中，人们发现茸毛富含茶多酚、氨基酸、咖啡碱等品质成分，对白茶、绿茶、红茶的风味品质形成都产生了重要影响。在对白茶茸毛和茶身生化成分的比对中，人们发现白茶茸毛能够分泌芳香物质，所含的游离氨基酸高于茶身，而茶多酚、儿茶素、咖啡碱等成分低于茶身。白茶茸毛具有高氨基酸含量和低酚氨比特性，对白茶风味品质的形成具有重要作用。

白茶的发展历史之所以选用品种从"小白"到"大白"变迁，抛开产量和发芽迟早的问题，芽头的肥壮程度和茸毛含量是影响选择的重要因素。

对香气的影响：白茶的加工工艺决定了其品质风格中香气较为清淡幽雅，而

● 白茶汤色清浅

品种具有特殊香气的鲜叶原料可能会在加工过程中表现出独特的风格。例如，水仙白，由于使用福建水仙作为品种原料，虽然外形芽头不如大白茶壮硕，但是毫香浓厚，香味清芳甜厚，多用于拼配其他白茶，以提高香气和滋味。近年来，生产实践中也选用福云系列品种以及金牡丹、黄玫瑰等高香品种试制白茶，以期提高成品茶的香气表现。

除此以外，白茶的特征中毫香是重要的组成部分，因此茶树品种是否具有丰富的茸毛会影响到加工后的成品茶是否毫香显露、鲜纯持久。

对滋味的影响：白茶要求内质香气清鲜，滋味甘醇。因此，所选品种的茶多酚、氨基酸和咖啡碱含量的高低就会在一定程度上影响茶汤滋味。现选取生产中较常见的白茶适制品种进行简要介绍和对比以说明问题。

福鼎大白茶，简称福大，小乔木型，中叶类，早生种。春茶一芽二叶，含茶多酚14.8%、氨基酸4.0%、咖啡碱3.3%。芽壮色白，香鲜味醇，是制作白毫银针、白牡丹的优质原料。

福鼎大毫茶，简称大毫，小乔木型，大叶类，早生种。春茶一芽二叶，含茶多酚17.3%、氨基酸5.3%、咖啡碱3.2%，是制作白毫银针、白牡丹和福建绿雪芽的优质原料。

政和大白茶，简称政大，小乔木型，大叶类，晚生种。春茶一芽二叶，含茶多酚13.5%、氨基酸5.9%、咖啡碱3.3%。外形肥壮，白毫密披，色白如银，香清鲜，味甘醇，是制作白毫银针、福建雪芽、白牡丹的优质原料。

福建水仙，又名水吉水仙、武夷水仙，小乔木型，大叶类，晚生种。春茶一芽二叶，含茶多酚17.6%、氨基酸3.3%、咖啡碱4.0%。芽壮毫多色白，香清味醇，成品多数拼配入其他白茶中提高香气和滋味。

上述四种品种在生产中都有使用，选用的依据既有品种特征方面的考虑，也有产量高低、发芽迟早、植株抗性强弱的考量。对于白茶，品种的选用对滋味的影响主要取决于含毫量和酚氨比是否在一定的适用范围。

比较福鼎大白、福鼎大毫、政和大白、水仙白的感官品质特征。

白茶的审评实验设计

实验一 不同产地、等级白茶的感官审评实验

1. 实验的目的

学习和掌握白茶的审评方法，掌握不同产地、不同等级白茶的品质特征。

2. 实验的内容

根据茶叶感官审评国家标准对几款白茶进行审评实验。

3. 主要仪器设备和材料

白毫银针、白牡丹（福鼎大白、水仙白）、贡眉、寿眉等审评茶样。茶叶样罐、样盘、通用型审评杯碗、汤勺、天平、计时器、叶底盘、吐茶桶、记录纸等茶叶感官审评全套设备。

4. 操作方法与实验步骤

外形审评：将样罐中的茶样倒入茶样盘中，使用摇盘、收盘、颠、簸等手法，能够将茶叶摇盘旋转展开，再通过收盘的方法将茶叶收拢成馒头形。

白茶审评重外形，评外形以嫩度、色泽为主，结合形态和净度。评嫩度比毫心多少、壮瘦及叶张的厚薄。以毫心肥壮、叶张肥嫩为佳；毫芽瘦小稀少，叶张单薄的次之；叶张老嫩不匀、薄硬或夹有老叶、蜡叶为差。

评色泽比毫心和叶片的颜色和光泽。以毫心叶背银白显露，叶面灰绿，即所谓银芽绿叶、绿面白底为佳；铁板色次之；草绿黄、黑、红色、暗褐色及有蜡质光泽为差。

评形状比芽叶连枝、叶缘垂卷、破张多少和匀整度。以芽叶连枝，稍微并拢，平伏舒展，叶缘向叶背垂卷，叶面有隆起波纹，叶尖上翘不断碎，匀整的好；叶片摊开、折皱、折贴、卷缩、断碎的差。

评净度要求不得含有籽、老梗、老叶及蜡叶。

内质审评：参考《茶叶感官审评方法》（GB/T 23776–2009）中白茶的审评标准，将茶叶上下、大小混合均匀，从干评茶样中取样3.0g，放入容量为150mL通用型审评杯中，冲入100℃沸水至口沿后加盖，计时5分钟后沥汤。看汤色，嗅香气，尝滋味，看叶底。

评汤色比颜色和清澈度。以杏黄、杏绿、浅黄，清澈明亮的佳；深黄或橙黄次之；泛红、红暗的差。

香气审评分三次进行，按照热嗅辨纯异、温嗅辨浓度类型、冷嗅辨持久度来进行。白茶以毫香浓显、清鲜纯正的好；淡薄、青臭、风霉、失鲜、发酵、熟老的差。

白茶的滋味以鲜爽、醇厚回甘、醇和为优，以淡薄、青涩、酵味的为差。

评叶底嫩度比老嫩、叶质软硬和匀整度，色泽比颜色和鲜亮度。以芽叶连枝成朵，毫芽壮多，叶质肥软，叶色鲜亮，匀整的好；叶质粗老、硬挺、破碎、暗杂、花红、黄张、焦叶红边的差。

5. 实验数据记录和处理

根据审评结果撰写审评术语、评语和评分，对于新白茶和陈年白茶的评语应区别对待。如表5–4所示。

表5–4　白茶品质因子审评系数（%）

茶类	外形	汤色	香气	滋味	叶底
白茶	25	10	25	30	10

 思考

1. 经年贮藏后的白毫银针、白牡丹以及寿眉的内质表现各有什么特征？

2. 如何区分自然贮藏的陈年白茶和人工造假"老白茶"？

附 白茶常用评语

干茶外形评语

毫心肥壮：芽肥嫩壮大，茸毛多。

芽叶连枝：芽叶相连成朵。

叶缘垂卷：叶面隆起，叶缘向叶背卷起。

破张：叶张破碎。

蜡片：表面形成蜡质的老片。（高等级的白茶中出现蜡片，代表净度不佳。）

银芽绿叶、白底绿面：毫心和叶背银白色茸毛显露，叶面为灰绿色。

灰绿：绿中带灰色，属于白茶的正常色泽。

橄榄色：绿稍深，略有光泽，属于白茶正常光泽。

铁板色：深红而暗似铁锈色，无光泽。

汤色评语

浅黄：黄色较浅。

浅橙黄：橙色稍浅。

黄亮：黄而清澈明亮。

微红：色泛红。（萎凋阶段若出现红变，茶汤有可能泛红，对于白茶非正常
茶汤。）

香气评语

嫩爽：鲜嫩、活泼、爽快的嫩茶香气。

毫香：白毫显露的嫩芽所具有的鲜爽香气。

清鲜：清高鲜爽。（多数为原料细嫩，带有清香和毫香。）

鲜纯：新鲜纯和，有毫香。

酵气：白茶萎凋过度，带发酵气味。（多伴有叶底的红变。）

青臭气：白茶萎凋不足或火功不够，有青草气。

滋味评语

清甜：入口感觉清鲜爽快，有甜味。

醇爽：醇而鲜爽，是白茶的正常滋味。

醇厚：醇而甘厚，是白茶滋味较佳的表现。

青味：萎凋不足而导致的茶味淡而青草味重。

叶底评语

肥嫩：芽头肥壮，叶张柔软、厚实。

红张：萎凋过度，叶张红变。

暗张：色暗黑，多为雨天制茶导致死青。

暗杂：叶色暗而花杂。

附　白茶常见品质弊病及成因

外形的形状与色泽常见品质弊病

影响白茶外形形状和色泽的因素主要有鲜叶芽叶肥嫩程度、茸毛多少、形状姿态、色泽在萎凋控制中的变化程度等。常见的品质缺陷，举例如下：

形状平板：叶片平摊，叶缘不垂卷。与白牡丹茶加工工艺中并筛有关。

形状断碎：叶梗分离，叶张破碎断碎。与白牡丹茶的采摘不当或干燥、装箱时间控制不好有关。

叶态平展：叶缘欠垂卷。与并筛不及时，或并筛时操作粗放有关。

色泽燥绿：由于过快风干，来不及转色，形成青枯绿色，叶脉不转红。

色泽枯黄：温高干燥，叶色泽黄枯。

红叶多或变黑：开青后置架上萎凋，萎凋中不许翻动、手摸，以防芽叶因机械损伤而红变，或因重叠而变黑。

色泽红张、暗片：毫色灰杂，白牡丹叶片红枯，或暗褐无光泽至黑褐色。银针芽身红变，毫色灰黑；同时也影响香味品质，数量多时产生发酵气味。

色泽花杂、橘红：在复式萎凋中处理不当，毛茶常出现色泽花杂、橘红等缺点。

黑霉现象：多见于阴雨天，萎凋时间过长，或低温长时堆放，干燥不及时等。

蜡叶老梗：多见于采摘粗放、夹带不合格的原料。

破张多：欠匀整。与干燥水分控制不当，干燥后装箱不及时有关，操作时缺少轻取轻放的良好规范。

毫色黄：与干燥温度偏高有关。

香味常见品质弊病

白茶品质形成的影响因素很多，除茶叶品种和采摘标准外，萎凋的条件如温度、湿度、通风等，都会影响萎凋时间的长短，而萎凋时间的长短和干燥方法又影响白茶的品质。

滋味青涩：多见于萎凋时间不足，或速度偏快。

香味青味：茶味淡而青草味重，同时干茶色泽青绿。常见于温度转高，失水速度快，萎凋不足。

香味酵气：香气缺乏新鲜感，带发酵气味。多见于操作不当，损伤芽叶多。

毫香不足：外观有毫但毫香不足。多见于烘温控制不当。

汤色和叶底常见品质弊病

在萎凋中，过氧化物酶催化过氧化物参与多酚类化合物的氧化，产生淡黄色物质。这些可溶性有色物质与叶内其他色素构成白茶杏黄或橙黄的汤色。若萎凋中温度过高，堆积过厚，或机械损伤严重，使叶绿素大量破坏，暗红色成分大量增加，则呈暗褐色至黑褐色。若萎凋时萎凋室湿度过小，芽叶干燥过快，叶绿素转化不足，多酚类化合物氧化缩合产物很少，色泽呈青绿色，俗称"青菜色"，品质大大下降。

汤色暗黄：黄较深暗。

红汤：由于萎凋叶损伤多，引起汤色泛红。

暗张：叶子因多酚氧化过度呈黑褐色。

红张：萎凋过度，叶张红变。

青绿：叶底色泽呈类似青菜色，香味也带青气或青涩。

白茶的品鉴——不同类型茶的冲泡体验

冲泡体验一

茶名：白毫银针（产地：福建福鼎）。

用水：农夫山泉。

冲泡器皿组合：白瓷提梁壶，瓷质公道盅，同色系品茗杯，茶水比1：40。

时间：小暑（夏季暑热，非白茶无以解之）。

冲泡流程：沸水烫洗壶、碗、杯，置茶于茶则备用，沸水入公道盅凉汤，置茶于壶，以公道注水入壶浸润茶叶，旋转摇动茶壶使茶、水充分浸润，将水加至壶七八分满，加盖等待，约四五分钟，沥汤入公道碗，分汤至品杯。

品鉴：夏日炎炎，白毫银针解暑最宜。银针为全芽所制，造型匀整，满披白毫，香气清鲜，以提梁壶冲泡，茶汤可略多，汤色浅白，夏日兼有渴饮之功。公道凉汤，品茗杯稍大，皆宜夏日。白茶不炒不揉，茶汤浸出较慢，然白茶独具消炎清热之功，温和宜人。

●白毫银针冲泡方案

冲泡体验二

茶名：陈年白牡丹（产地：福建政和）。

用水：农夫山泉。

冲泡器皿组合：青白瓷盖碗，瓷质公道盅，同色系品茗杯，茶水比1：30。

时间：大暑（时至三伏，口舌易生疮，取白茶消炎降火之功）。

冲泡流程：沸水烫洗盖碗、公道盅、品茗杯，置茶于盖碗，沸水少许注入盖碗浸润茶叶，润洗之水弃之不用，沸水注入盖碗，加盖浸泡，30秒沥汤入公道盅，分汤入品茗杯饮之。

品鉴：白茶陈年陈化有消炎降火之功效。沸水浸润洗茶，茶汤更易浸出，水温略高则出汤需快，公道盅调匀茶汤，汤色略杏黄明亮，夏日热饮发汗，亦是解暑良方。

●白牡丹冲泡方案

冲泡体验三

茶名：陈年寿眉（产地：福建福鼎）。

用水：农夫山泉。

冲泡器皿组合：可加热玻璃壶，带柄玻璃杯，茶水比1：50。

时间：立秋（立秋易燥，陈年寿眉煮饮润之）。

冲泡流程：寿眉置玻璃壶内胆，加入冷水至七八分满，低档热量加热玻璃壶，观察水沸腾状态，由细小气泡至涌泉连珠再至腾波鼓浪，停止加热，将玻璃壶静置，待茶汤止沸，出汤分茶入玻璃杯，待茶汤略温而饮。

品鉴：寿眉原料粗老，饮之稍显味淡，小火煮渍，汤如琥珀，香浓似枣，秋日气躁，温和茶汤，润物无声。

●陈年寿眉冲泡方案

闲时茶话之一

小议白茶

学茶之初，很多人才开始知道六大茶类中有白茶这一类，等到接触安吉白茶时又傻傻分不清楚。再等到各地区因为引种，出来各色白茶，江湖上又出现了月光白、老白茶之类的一时潮流后，更加来源莫辨，今天咱们就来小议一下白茶。

白茶是六大茶类中的一种，工艺不炒不揉，只有萎凋和干燥两步，产地主要是福建福鼎、政和，周边建阳、松溪也有少量出产，最早的白牡丹就发轫于建阳的水吉镇。白茶中的白毫银针和白牡丹分别用较细嫩的原料制作，出路也多是外销市场，比如欧美或者东南亚市场。

安吉白茶的出现得益于品种变异，它的制作原料——"白叶一号"，是一种变异的白化茶。没错，植物界白化现象并不鲜见，有些环境条件就可以诱发变异。至于这个品种"白叶一号"的特殊在于它是对温度敏感的品种。每年春天气温在18～25℃期间，叶片内的叶绿素水平下降至极低，同时氨基酸水平升高，可以是普通绿茶品种的两倍还要多，带来的直接结果就是，叶片嫩黄浅白，制作出的干茶颜色有一种新鲜的嫩鹅黄色，外观独具特色。早期一直被定义为"特种茶"，后来根据加工工艺而定，实际因为要经过杀青、做形、干燥，也就是绿茶工艺，所以，安吉白茶是一种绿茶！值得一提的是，气温超过25℃之后的时间里，"白叶一号"的叶绿素水平又会回升到正常，变成了普通的绿茶，当然，曾经高水平的氨基酸含量也同样下来了，简单地说：泯然众人矣！

安吉白茶问世之后，由于特别的口感和颜色（叶白脉绿）非常受欢迎，售价也不菲，于是各地纷纷引种，浙江其他地区或是江苏、山东、安徽、江西等地都有种植，表现各异。当我们听到某某白茶时，如果这个地名属于上述这些绿茶主产区省份，那么多数应该就是使用"白叶一号"或者别的类似白化品种制作的绿茶。

再来说一下月光白。月光白出现的时间也就是近十余年的事情，使用云南的景谷大白为原料，也同样是不炒不揉，做成的成品茶比传统意义上的福建白茶要体型大些，叶面的颜色也深暗许多。从工艺上理解，这个月光白应该与福鼎或者

政和的白茶并无大的差异，但是橘生淮南则为橘，生于淮北则为枳，云南的大叶种表现出的特征令月光白与常规意义上的白茶总有一些区别，品种和茶类有适应性正在于此。

再谈及老白茶。白茶以往一直外销为主，白毫银针和白牡丹是主要被挑选的花色，完成外销之后，若能剩下的恐怕以粗老原料居多，当地百姓有存放陈年白茶用以消炎退热解暑等保健之习惯。在笔者看来，一来缺医少药，茶就当了药用；二来卖剩下的总是老叶居多，不能卖只好自用，今年喝不完明年再喝，不会坏就一直放着。按理说，原本小众的白茶，早个五六年前，提起的时候常常有人面面相觑，如今市场火热，一下子家家都有老白茶却也当真离奇，更有甚者还能拿出十几年乃至三十年的老白茶，这世上能人异事果然是多的！

若较真算起来，宋朝时官员们挖空心思制作了各式新铸以邀功领赏，漕臣郑公可简可谓个中翘楚，他拣了极细嫩的芽心一缕以清泉渍之，谓之"银线水芽"，这等细料制的新铸取名"龙团胜雪"。说到老白茶，大概这个才真算是老古董吧！

再说回白化品种和引种的话题，有一年比赛，排名靠前的是许多的某某白茶，撰写介绍时，多有分不清楚的观众，于是借着古语写了一个判词自娱：

安吉白茶、靖安白茶，此白茶非彼白茶；

蔺相如、司马相如，名相如实不相如。

闲时茶话之二

迈过岁月的河流

福建有一种茶，叫作白牡丹。

白是因为茸毛，细嫩的芽叶才有的青春模样。

牡丹是缘于姿态，一芽二叶的造型，没有炒揉，天然去雕饰。

白牡丹初初做好时，颜色清隽，白的毫，绿的底，如女子豆蔻年华，眼角眉梢尽是钟灵毓秀，不带一丝烟火气。

若假以岁月，妙龄佳人嫁为人妻，桃之夭夭，灼灼其华；白牡丹的茸毛越发银亮，水色也圆润了些。

●迈过岁月的河流

岁月这条河不急不缓地流淌，昔日秀丽的少女，挽了发，洗手煮羹汤。

白牡丹这一厢安然静好，酝酿甜蜜，不声不响。

再后来，女子有了宝贝，生命变得完整，神采飞扬变作低眉浅笑，袅袅婷婷换成了秀骨清相。

孩子从出生那天起，以为妈妈就是妈妈，妈妈是慢慢变老的温柔模样；是带着温度的饭菜香，也是头疼脑热时背起自己的瘦弱肩膀；以为妈妈就是妈妈，妈妈是冰天雪地里仍有的安心陪伴，也是孤单等待时听见就雀跃的开门声响；以为妈妈只是妈妈，妈妈是自己一个人的妈妈，不会变老，不会离去，一直这样。

走过时光，白牡丹越发深邃了容颜，不变的是青春时的姿态；越发细腻了香气，呼吸间尽是清悦芬芳；越发柔软了滋味，沁入肺腑时也熨帖了心肠；越发内敛了叶色，那染红的不是胭脂，是时光里雕琢的娇羞。

这一朵叫白牡丹的女人花，她曾在河流的彼岸绽放过，她的骄傲与矜持定格在白色羽衣下起舞的瞬间。迈过岁月的河流，她走过坚忍，走过热情，走过痛苦，走过蜕变，变得圆融通达、仪态万千。

所以，亲爱的，当你透过水的倒影，看见白牡丹年轻的姿态时，请相信我们的母亲也有过欣欣向荣，也有着热情和开朗。你若看她年轻，她的美丽就一直在岁月里流淌！

第六章

黄茶的审评与品鉴

——茶中隐者

　　黄茶是六大茶类中较为小众的一种。与绿茶不同的是，在杀青破坏酶的活性的前提下，闷黄使多酚类化合物在湿热条件下进行非酶性氧化，达到味厚爽口的效果。虽然市场的选择中，人们似乎更青睐清汤绿叶的绿茶，但是黄茶以其香气清悦、滋味醇爽的特征仍能占有一席之地。黄茶的特征以及黄茶的评价方法将在本章展开论述。

中国黄茶的分类与特征

　　黄茶可以按照鲜叶原料的老嫩分为黄芽茶、黄小茶和黄大茶三类。黄芽茶如君山银针、蒙顶黄芽、莫干黄芽；黄小茶如沩山毛尖、北港毛尖、霍山黄芽、平阳黄汤；黄大茶主要有霍山黄大茶和广东大叶青。

　　黄芽茶可分为银针和黄芽两种，前者如君山银针，后者如蒙顶黄芽等。

　　君山银针：产于湖南岳阳洞庭湖的君山，采摘标准为单芽。芽头肥壮，紧结挺直，满披茸毫，芽色金黄（誉为"金镶玉"）；汤色浅黄，清澈明亮；香气清鲜，滋味醇甘鲜爽；叶底嫩黄肥匀明亮，冲泡时呈现"三上三下"的景色。

　　蒙顶黄芽：产于四川雅安地区的名山县。鲜叶采摘一芽一叶初展，经过杀青、初包、复锅、复包、三炒、四炒、烘焙等过程。外形芽叶整齐、形状扁平，色泽嫩黄多毫，香气清纯，滋味甘醇，叶底嫩匀、黄绿明亮。

●蒙顶黄芽

　　黄小茶的鲜叶采摘标准为一芽一二叶，有湖南的沩山毛尖，湖北的远安鹿苑茶，浙江的莫干黄芽、平阳黄汤，安徽的黄小茶等。

　　沩山毛尖：产于湖南宁乡县大沩山。采摘标准为一芽一二叶初展。初制工艺有熏烟工序。品质特点是叶缘微卷成条块状，金毫显露，色泽黄润，汤色橙黄明亮，香气呈浓烈的松烟香，滋味醇甜爽口，叶底嫩匀黄亮。

●沩山毛尖

　　莫干黄芽：产于浙江省湖州市德清县莫干山。莫干黄芽于20世纪70年代由德清县农业局、土特产公司在浙江农业大学（现浙江大学）茶学系的指导下创制。采摘一芽一二叶初展的鲜叶原料，经过摊放、杀青、揉捻、闷黄、锅炒、烘干等工序加工而成。其品质特征为：外形细紧略勾曲，色泽嫩黄油润，内质香高清芬持久，汤色嫩黄明亮，滋味甘醇鲜爽，叶底芽叶成朵。

　　黄大茶的鲜叶采摘标准为一芽三、四叶或四、五叶，主要有安徽霍山黄大茶和广东大叶青。

　　霍山黄大茶：产于安徽霍山、金寨等地。采摘标准是一芽四五叶。品质特点是外形叶大梗长，梗叶相连，形似钓鱼钩，色泽黄褐起霜，汤色深黄或褐黄明亮，香气焦香浓而持久，滋味浓厚，叶底黄褐明亮，耐冲泡。俗称黄大茶古铜色，高火味，有"叶大能包盐，梗长能撑船"之说。

●霍山黄大茶

广东大叶青：以大叶种茶树的鲜叶为原料，采摘标准为一芽三四叶。初制时竞购堆积，形成了黄茶的品质特征，产品以侨销为主。外形条索肥壮，身骨重实，色泽青润带黄或青褐色，内质香气纯正，汤色深黄明亮，滋味浓醇回甘，叶底浅黄色，芽叶完整。

在六大茶类中，黄茶与绿茶的工艺最为接近，"闷黄"是形成两者区别的重要环节。经过"闷黄"的茶叶，虽然在色泽上偏黄，茶汤变深，但是香气更加稳定，滋味也从清纯鲜爽变得更加醇厚和回甘。对于消费者而言，黄茶的茶汤更容易被接受。但是，"闷黄"的过程也造成了叶绿素的大量破坏，茶叶的颜色变黄后很容易被误解是陈化变质的绿茶，这也是黄茶始终是小众茶类的重要原因。

黄茶的加工工艺对品质的影响

在我国的茶类分布中，黄茶占据的份额很小，可供参考的茶叶样本数量较小，在本节将集中探讨不同的茶树品种以及加工工艺对于黄茶品质的影响。

原料：由于黄茶有不同嫩度等级的花色，芽茶、小茶和大茶的采摘嫩度不一，但是实践中人们发现针对某一款黄茶，选择什么茶树品种还是会影响到成品茶的品质。

黄茶以"黄汤黄叶"为特征，一般认为叶绿素和茶多酚含量较高的茶树品种的鲜叶不利于黄茶黄色色泽形成，不适合做黄茶，而酚氨比值较小的茶树品种适宜制作黄茶。

郑红发等研究筛选高档黄茶适制品种发现，尖波黄由于芽叶色泽偏黄，酚氨比相对较低，所以是比较适合于加工毛尖黄茶的品种。在加工过程中，叶绿素含量相对较低、叶色偏黄的品种容易变黄，在干茶色泽方面有优势；酚氨比较低的品种味道更加醇和，在滋味方面有优势。申东等研究了黔湄303、黔湄601两个大叶种和福鼎大白茶、湄潭苔茶两个中小叶种对海马宫茶品质的影响，认为大叶种黔湄601含茶多酚较多，闷黄过程中氧化不充分，成品茶滋味较涩，而黔湄303、湄潭苔茶的叶肉薄、茸毛少，成品茶毫少不显，滋味平和，香气不鲜，叶底发暗，福鼎大白茶最适宜制作海马宫茶。彭邦发认为，较之其他品种，当地的老品种金鸡群种芽头较肥壮、节间合适，最适宜制作霍山黄芽。

摊放：杀青前的适度摊放在黄茶加工中有不可忽视的作用。鲜叶适度的摊放会增加鲜叶中的氨基酸和水浸出物等的含量，有效降低酚氨比，有利于形成黄茶醇厚爽口的品质特点。未经摊放处理的黄茶黄变不充分，香气较低且容易带有青气，有涩味，而经摊放处理的黄茶色泽、香气、滋味均较好。氨基酸是构成茶叶鲜爽滋味的重要组分，有研究发现黄茶与绿茶中氨基酸含量差异不明显，组分以茶氨酸、谷氨酸最多，与白茶相比，黄茶与绿茶的氨基酸总量明显偏少，说明长时间萎凋有利于蛋白质水解为氨基酸，而闷黄对氨基酸总量影响不大。

杀青：与同等嫩度的绿茶相比，某些黄茶杀青时投叶量偏多，锅温偏低，时间偏长，在杀青过程已产生轻微闷黄现象。高温和热化学作用使多酚类化合物发生

自动氧化和异构化，淀粉水解为单糖，蛋白质水解为氨基酸等，为黄茶浓醇滋味和干茶的黄色色泽形成奠定了基础。周继荣等研究黄茶加工过程品质变化发现，从鲜叶到初闷，茶叶经过高温杀青，叶绿素含量急剧减少，在加工后期，叶温较低，叶绿素含量减少缓慢，表明温度是破坏叶绿素的关键因素。据测定，黄大茶在制作过程中，叶绿素总量中有60%受到破坏。杀青过程破坏最多，其次是闷黄、初烘过程，而拉毛火和拉老火的过程破坏甚少。杀青过程中，多酚类化合物发生非酶性自动氧化和异构化，产生少量的茶黄素，但水溶性多酚类化合物总量减少不多。

揉捻：黄茶的花色品种中君山银针、蒙顶黄芽不揉捻，北港毛尖、鹿苑毛尖、霍山黄芽只在杀青后期在锅内轻揉，没有独立的揉捻工序。揉捻不算是黄茶加工必不可少的工艺。揉捻程度和闷黄时间对黄茶色泽和品质影响较大，其次是摊放和杀青方式的不同，而干燥方式对黄茶色泽、滋味的影响较少。揉捻时的外力作用提高了叶细胞破碎率，增加了茶汁渗出量，从而导致多酚类化合物氧化加速，叶绿素脱镁反应加快，使干茶色泽变暗变深，汤色变浓，亮度下降变黄。为了形成滋味醇厚的茶汤风格，减少酯型儿茶素浸出，避免茶汤浓强，在加工过程中，揉捻尽可能力度轻、时间短。

闷黄：闷黄是形成黄茶品质特征的关键环节，黄茶黄变程度和闷黄时间、茶叶含水量以及叶温密切相关。北港毛尖的闷黄时间最短，为30～40分钟，黄变程度最轻，常被误认为绿茶；君山银针和蒙顶黄芽闷黄和烘炒交替进行，历时2～3天；沩山毛尖、远安鹿苑茶、广东大叶青则介于上述两者之间，闷黄时间5～6小时。黄大茶闷黄时间长达5～7天，但由于闷黄时含水量低，黄变十分缓慢。龚永新等研究了闷黄工艺对远安鹿苑茶滋味的影响，发现与同级别的绿茶相比，其儿茶素总量略低于绿茶，但儿茶素组分差别很大，EGCG和ECG总量比绿茶低9.43%，证实了闷黄工艺有利于减少酯型儿茶素的含量。经过闷黄工艺的黄茶酯型儿茶素的占比下降，茶汤的涩度随之减弱。

另外，果胶在湿热的条件下会有部分发生水解形成水溶性果胶，增加茶汤的厚度。这也有助于提高黄茶茶汤的醇厚感。

干燥：黄茶干燥方式有烘干和炒干两种，干燥时温度比其他茶类偏低，且有先低后高的趋势。这是使水分散失速度减慢，在湿热条件下，边干燥边闷黄。沩山毛尖的干燥技术与安化黑茶相似，采用柴火烘焙。霍山黄芽、皖西黄大芽的烘干温度先低后高，都是为了保证茶叶有一个缓慢失水的过程，使茶叶的闷黄更加充分，而对于部分原料粗老的茶叶诸如霍山黄大茶，最后的干燥环节会有一个升高温的阶段（俗称"拉老火"），是为了使粗老原料的水分达到足干。同时，黄茶充分的干燥也使茶叶香气中容易出现的水闷气消失，转为较饱满的烘焙香。

　　根据黄茶的工艺原理，请分析和列举我国现有哪些地区的绿茶可以试制黄茶？

黄茶的审评实验设计

实验一　不同产地的黄芽茶的审评

1. 实验的目的

学习黄芽茶的风格特征，掌握黄芽茶的审评方法。

2. 实验的内容

根据国家标准对不同产地黄芽茶进行感官审评。

3. 主要仪器设备和材料

不同产地黄芽茶，茶叶样罐、样盘、通用型审评杯碗、汤勺、天平、计时器、叶底盘、吐茶桶、记录纸等茶叶感官审评全套设备。

4. 操作方法与实验步骤

外形审评：将样罐中的茶样倒入茶样盘中，使用摇盘、收盘、颠、簸等手法，能够将茶叶摇盘旋转展开，再通过收盘的方法将茶叶收拢成馒头形。外形以芽形完整、嫩匀为好，色泽嫩黄油润为佳，芽形细瘦、干瘪、不饱满者差，色泽黄暗、暗褐者差。

内质审评：参考茶叶感官审评方法GB/T 23776-2009中黄茶的审评标准，将茶叶上下、大小混合均匀，从干评茶样中取样3.0g，放入容量为150mL通用型审评杯中，冲入100℃沸水至口沿后加盖，计时5分钟后沥汤。看汤色，嗅香气，尝滋味，看叶底。

汤色评深浅和亮度。汤色以浅黄、嫩黄、金黄、黄明亮为佳，汤色带绿或者褐黄较暗为差。黄茶汤色黄，绿色、褐色、橙色和红色均不是正常色，茶汤带褐色多系陈化质变之茶。

黄芽茶香气高爽带嫩香、火工饱满为佳，淡薄、带青气、粗老气、水闷气为差。烟焦、青气均不正常。

黄茶滋味追求协调感，注意把握黄茶滋味的醇，回味甘甜润喉。滋味以醇厚回甘、醇和、甘醇、甘和为佳，以浓烈带涩、粗老味、带焦味为差。

叶底强调嫩黄明亮或黄绿柔软明亮，个别等级会呈现褐黄较亮。以暗褐薄硬为差。

5. 实验数据记录和处理

根据审评结果撰写审评术语、评语和评分，对于个别具有特殊风格的黄茶应使用专门术语。

6. 实验结果与分析

对比同样原料制成的黄茶和绿茶的感官特征以及评茶术语，把握两者在风格上的区别，总结黄茶的内质核心特征。

近年来出现的"黄化"品种是否适合制作黄芽茶或黄小茶？

实验二 黄大茶的审评

1. 实验的目的

学习黄大茶的风格特征，掌握黄大茶的审评方法。

2. 实验的内容

根据国家标准对不同产地黄大茶进行感官审评。

3. 主要仪器设备和材料

不同产地黄大茶，茶叶样罐、样盘、通用型审评杯碗、汤勺、天平、计时器、叶底盘、吐茶桶、记录纸等茶叶感官审评全套设备。

4. 操作方法与实验步骤

外形审评：将样罐中的茶样倒入茶样盘中，使用摇盘、收盘、颠、簸等手法，能够将茶叶摇盘旋转展开，再通过收盘的方法将茶叶收拢成馒头形。外形以壮结、匀整为好，色泽褐为佳，条索松散、短碎者差，色泽黄暗、暗褐、无光泽者差。

内质审评：将茶叶上下、大小混合均匀，从干评茶样中取样3.0g，放入容量为150mL通用型审评杯中，冲入100℃沸水至口沿后加盖，计时5分钟后沥汤。看汤色，嗅香气，尝滋味，看叶底。

汤色评深浅和亮度。黄大茶汤色深黄，焙火程度重时，橙黄、橙红属正常。绿色不是正常色。

黄大茶香气高浓持久、火工高。烟焦、青气均不正常。

黄大茶滋味以浓醇、醇爽为好，醇而不苦，粗而不涩。

叶底要求叶形完整，色泽黄明。

5. 实验数据记录和处理

根据审评结果撰写审评术语、评语和评分。如表6-1所示。

表6-1 黄茶品质因子审评系数（％）

茶类	外形	汤色	香气	滋味	叶底
黄茶	25	10	25	30	10

 思考

针对黄大茶的特征和目前行业的困境，应如何改进工艺使之更适应市场需求？

附　黄茶常用评语

干茶外形评语

肥直：全芽芽头肥壮挺直，满披茸毛，形状如针。

梗叶连枝：叶大梗长，为霍山黄大茶外形特征。

鱼子泡：干茶有如鱼子泡大的烫斑。

金镶玉：专指君山银针。芽头金黄的底色，满披白色银毫，是特级君山银针的特色。

金黄光亮：芽头肥壮，芽色金黄，油润光亮。

黄褐：黄中带褐，是黄茶正常色泽。

褐黄：褐中带黄，光泽较差。

黄青：青中带黄。

汤色评语

浅黄：黄较浅、明亮。

杏黄：浅黄略带绿，清澈明亮。

黄亮：黄而明亮。

深黄：色黄较深，但不暗，是黄茶正常的汤色。

橙黄：黄中微泛红，似橘黄色。

香气评语

清鲜：清香鲜爽，细腻而持久。

嫩香：清爽细腻，有毫香。

清高：清香高而持久。

清纯：清香纯和。

板栗香：似熟栗子香。

高爽焦香：似成熟原料炒青香，强烈持久。

松烟香：带有松木烟香。（特殊种类黄茶的香气。）

滋味评语

甜爽：爽口而有甜感。

醇爽：醇而可口，回味略甜。

鲜醇：鲜而爽口，甜醇。

叶底评语

肥嫩：芽头肥壮，叶质厚实。

嫩黄：黄里泛白，叶质柔嫩，明亮度好。

黄亮：叶色黄而明亮，按叶色深浅程度不同有浅黄色、褐深黄色之分。

黄绿：绿中泛黄。

附　黄茶常见品质弊病及成因

色泽枯褐：芽身色褐，毫色灰枯，不鲜润。常见于香低味淡，或贮藏过久的陈茶。

色泽青杂：色泽黄泛青绿，内质出现欠醇。由闷黄温湿度掌握偏低，或堆温不均匀引起。

色泽暗杂：由于揉捻时揉出茶汁过多，色泽变黑。内质出现滋味欠爽口。

香味低闷：香低、不通透，无清悦感。黄小茶除烟香外，香气应以清纯为优。

香味青涩：茶味甘醇度不足，略带青涩。主要是由于闷黄工序掌握不佳所致。

香味闷熟：鲜爽度差，欠清爽。由于闷黄时间过长，且透气不足。

汤色泛绿欠黄亮：闷黄不足。

汤色黄红：杀青温度偏低，在杀青期间有茶多酚发生酶促氧化产生红色产物。

叶底绿暗：叶底色绿暗，同时出现汤涩带青。杀青不足，青气透发不彻底所致。

叶底青绿：叶底色黄泛青绿色。与红茶生青不同，其是指闷黄不匀的青绿叶，与闷黄时间偏短有关。

叶底黄暗：闷黄过度。

黄茶的品鉴——不同类型黄茶的冲泡方案

冲泡体验一

茶名：蒙顶黄芽（产地：四川雅安）。

用水：娃哈哈纯净水。

冲泡器皿组合：瓷质草木灰釉盖碗、同色系公道盅、厚胎厚釉同色系品茗杯（杯形鸡缸杯、压手杯皆可，品杯容量可稍大，一盖碗受两杯即可），茶水比1：40。

时间：小满（小满谷熟，麦穗青芒风拂面，蒙顶黄芽似谷香）。

冲泡流程：沸水烫洗盖碗、公道盅、品茗杯，茶叶置茶则备用，置茶于盖碗加盖发茶香，水温约95℃，少量注水入盖碗浸润茶叶，待茶叶充分浸润后，加水至盖碗七八分满，加盖稍等20秒，出汤于公道盅，分汤入品茗杯。

品鉴：黄茶闷黄焙火具有特殊的谷物香气，厚实而温暖，小满时节，谷物初熟，应时应景。黄芽选用春季头采全芽，滋味醇厚鲜润，草木灰色温和内敛，与黄茶气质一脉相承，盖碗冲泡，茶水及时分离，品茗时机不先不后。厚胎厚釉品茗杯敦实沉稳，似仁者乐山之志，又如黄茶隐者之风，胎釉饱满，茶香持久，于细微处动人。

●蒙顶黄芽冲泡方案

冲泡体验二

茶名：莫干黄茶（产地：浙江德清）。

用水：娃哈哈纯净水。

冲泡器皿组合：青瓷梨形壶、青瓷公道碗、青瓷带托盏，茶水比1∶40。

时间：芒种（东风染尽三千顷，山峦如黛）。

冲泡流程：沸水烫洗壶、公道碗、茶盏，茶叶置入瓷壶加盖发茶香，水温约90℃，注水入瓷壶冲泡，静置30秒，出汤于公道碗，瓷壶揭盖透气，分汤入青瓷盏，品茗。

品鉴：莫干黄芽造型条索紧结略勾曲，色泽深绿带黄，轻度闷黄茶汤醇和，可以瓷壶冲泡，青瓷盏承袭越窑之色，陆鸿渐有云，"青则益茶"，以青瓷盏盛茶汤直如一池春水吹皱。芒种气温渐升，茶水可略淡，青瓷盏品茗，有智者乐水之喻。

●莫干黄茶冲泡方案

冲泡体验三

茶名：霍山黄大茶（产地：安徽霍山、金寨）。

用水：农夫山泉。

冲泡器皿组合：瓷质提梁洋壶筒、瓷质青花瓷碗，茶水比1∶60。

时间：夏至（烈日炎炎伏热生，端阳蝉始鸣）。

冲泡流程：投茶注水，随饮随取，大壶豪放，粗瓷随性，黄大茶久泡不易涩，出汤即加满沸水，随饮随加水，沂蒙旧俗。

品鉴：霍山黄大茶，取春末粗枝大叶制成，闷黄深重，焙火焦香，有"叶大能包盐，梗长能撑船"之说。旧俗徽商运茶至山东莱芜，多为贩夫走卒盛夏渴饮，得名"莱芜老干烘"。茶汤黄褐明亮，焦香浓郁，夏季饮之止渴解暑，近闻黄大茶多有降血糖之功，当缘于原料粗老。

●黄大茶冲泡方案

闲时茶话之一

盛夏消暑话黄茶

盛夏时节谈到消暑的话题，在我脑海里挥之不去的总是在茶山中消暑与喝黄茶的情景。

黄茶在六大茶类中实在是个小众的茶，以至于很多人并不知晓有这一类。

也难怪，当年求学时进行茶叶的认识训练，形态各异的名优绿茶一字排开，那清新鲜润的样子早就乱花渐欲迷人眼，谁会仔细看旁边不太显眼的黄茶呢？

黄茶色黄是针对绿茶而言的，如果茶叶的叶绿素得到大量的保持，自然干茶也会绿翠，原料好的工艺好的，色泽也绿润鲜活。但黄茶不同，杀青、揉捻、干燥之外还要加上闷黄，闷过之后，颜色自不如前，闷得轻些是绿中透星星点点的黄，

●轻云出岫

●嫩叶新芽

闷得重时，茶叶整体变黄，不仔细看，很容易被误解是陈了的绿茶。

这些容易被误解的茶叶，原本也是好出身呢！

好茶出在宜居的地方，为数不多的黄茶更是如此。不必说烟波浩渺的洞庭湖，出产的君山银针三起三落；不必说四川蒙顶山，蒙顶黄芽享誉已久；也不必说湖北远安的鹿苑寺，鹿苑茶参禅能伏睡魔军；只就近看看莫干黄芽的出处，竟也不凡呢！天目山余脉的诸多小山，海拔虽不高，但绿植茂盛，修篁丛生，降水充沛，多云多雾，晨起有白云出岫，暮归轻雾遮楼阁。这样的地方，不独古圣先贤喜欢，今之文人骚客，哪怕贩夫走卒也是喜欢的。盛夏时节，山中的气温可以比都市里低上7～8℃，水汽充盈，满目绿意，烦躁的情绪也能够顿时烟消云散吧！

这样的地方，茶叶原料得天独厚，但是把细嫩的原料特地做了黄茶却是有独特的用心。绿茶与黄茶，前者如急火快炒的青菜，力求保证原料的新鲜，追求的是清新与鲜爽；后者像是加了盖炖制的汤菜，延长了时间，着力于火候，追求的是醇厚与温和。简单的一个闷黄工序，加在哪里，用时多久，干燥时怎么配合，都决定了黄茶的品质。外观不起眼的黄茶要做好，其实比样子鲜活的绿茶难得多呢！闷黄

的时候，多用纱布或者棉套覆盖包裹了茶叶。茶叶在湿热的环境中多酚轻微氧化，滋味减少了涩度；蛋白质水解成更多的氨基酸，增加了茶汤的鲜度；果胶经由酶的作用变为水溶，增加茶汤的厚度。闷黄和干燥要交替进行，不少传统的黄茶都要闷、干结合两三次才能完成制作。这样的过程牺牲了鲜活的颜色，不避繁难地追求温和的品质，非专心不能完成，非用心无法造就。

黄茶的清悦温和风格有点像煮过的枣子汤，醇和中透一点甜，也有点像带叶子蒸出来的嫩玉米，有清新但不燥热的谷物香。这种温和对于喜欢茶之鲜醇却因肠胃脆弱不能亲近绿茶的人是适合的，对于喜爱茶的独特口感却因咖啡因敏感而却步的人也是适合的。不夸好颜色，制作不避繁，还须喝茶的人不以外观而论，这样低调的茶，更像是茶中隐士吧！不求闻达于庙堂，唯愿寄情于山水。

带着这样的体会，曾经给黄茶写过一段解说词，不算散文也不是诗词，更像是轻轻吟唱的短歌：

> 横岭云出岫，身与白云间。
> 干戈化为犁，种茶上莫干。
> 山间竹滴翠，簾中蕊娇鲜。
> 流泉泄碎玉，石铫泛松烟。
> 红尘故熙攘，世事自纷繁。
> 不慕庙堂高，自在云中仙。
> 铸剑声渺然，品茗邀客前。
> 香可涤昏昧，饮罢倍清谈。
> 故梦烟波里，心境自冲淡。
> 忧乐天下事，不惧江湖远。

盛夏时节，若是置身于山中的"清凉世界"，酷暑大概也不会太过难耐；杯盏之间，啜一口用心制作的黄茶，浮躁如我辈大概也会忆起追求本真的初心吧！

第七章

黑茶的
审评与品鉴

——转化的力量

　　黑茶属于后发酵茶，是我国特有的茶类，历史悠久，花色种类也非常丰富。黑茶所采用的原料比较粗老，加工过程中经过堆积发酵时间较长，最终成品的干茶色泽黑褐，故名黑茶。由于黑茶多数作为少数民族消费的茶类，为长途运输便利起见，多压制后再行运销，所以在我国大多数的黑茶是压制茶，又称"边销茶"。与大多数茶类不同，黑茶品质并不以新鲜为优，反而要经过一定时间的转化或者后熟的过程。本章将就各产地的黑茶特征探讨微生物以及时间所赋予的转化的力量。

中国黑茶的分类与特征

黑茶有毛茶与成品茶之分，黑毛茶精制后大部分加工成紧压茶，如砖茶、饼茶、篓装茶等。黑毛茶根据产地分为湖南黑毛茶、湖北老青茶、四川边茶、广西六堡茶、云南普洱茶等。各地区又在黑毛茶的基础上再加工成压制茶，花色种类众多，下面将根据产地分别简述黑毛茶及其压制茶。

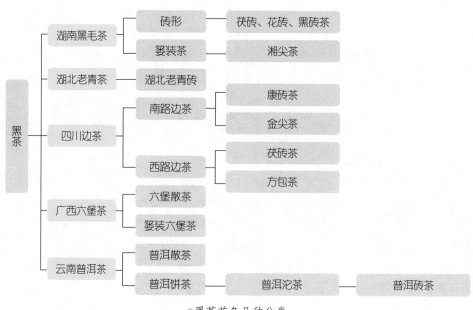

●黑茶花色品种分类

湖南黑茶：湖南黑茶主产地在安化，黑毛茶一般以一芽四五叶的鲜叶为原料，经过杀青、初揉、渥堆、复揉、干燥等工序加工而成。湖南黑毛茶基本加工成紧压茶而存在，主要有湘尖茶、黑砖茶、茯砖茶和花砖茶等，主要销往新疆、青海、甘肃、宁夏等省区。

湘尖茶 产于湖南省。由黑毛茶精制整理后用高压蒸汽把茶蒸软，装入篓包内紧压而成，产品分别为天尖、贡尖和生尖，是湖南黑茶中的优质产品。外形为圆柱形篓包，条索尚紧，色泽黑褐，内质香气纯和带有松烟香，滋味醇厚，叶底黄褐尚嫩。

黑砖茶 砖形，净重2kg。砖面平整、厚薄一致，花纹图案清晰，色泽黑褐，内质汤色深黄或红黄稍暗。香气纯正，滋味浓厚微涩，叶底暗褐，老嫩欠匀。

茯砖茶 砖形，净重2kg。砖面平整、稍松，棱角分明，砖内金花普遍茂盛，色泽黄褐；内质香气有菌花香，汤色橙黄明亮，滋味醇和，叶底黑褐色。

花砖茶 柱形，净重36.25kg（折合老市斤1000两），故称"千两茶"。外形干茶色泽黑褐，无黑霉、白霉、青霉等霉菌，或有"金花"（冠突散囊菌）；内质香气纯正或带松烟香，汤色橙黄或橙红，滋味醇和，叶底黑褐尚匀。1958年花卷茶改成花砖茶，1983年部分恢复生产。

●湖南的压制黑茶

●花卷茶

湖北老青茶：老青茶主要产于湖北省咸宁地区的蒲圻、咸宁、崇阳等县。鲜叶原料粗老，以割取当年生枝叶为原料。湖北老青茶的原料实则是晒青绿茶，含水量较高。晒青毛茶要进行沤堆工序，在此之后晒青绿茶就转变为黑毛茶。黑毛茶原料用于压制青砖，即湖北老青砖。

湖北老青砖是以老青茶为原料压制而成的砖茶，也不分等级，规格为340mm×170mm×40mm。最外一层称洒面，原料的质量最好；最里面的一层称二面，质量次之；这两层之间的一层称里茶，质量较差。洒面茶以青梗为主，基部稍带红梗，条索较紧，色泽乌绿；二面茶以红梗为主，顶部稍带青梗，叶子成条，叶色乌绿微黄；里茶为当年生红梗，不带麻梗叶，面卷皱，叶色乌绿带花。一般而言，洒面、二面各为0.125kg，里茶1.75kg。

青砖茶要求砖面光滑、棱角整齐、紧结平整、色泽青褐、压印纹理清晰，砖内无黑霉、白霉、青霉等霉菌；香气纯正、滋味醇和、汤色橙红、叶底暗褐。

四川边茶：四川边茶产于四川省和重庆市境内，主要分为南路边茶和西路边茶。清代乾隆年间，规定以雅安、天全、名山为主产地，所产边茶主要销往西藏、青海和四川的甘孜、阿坝、凉山自治州，以及甘肃南部地区，是为南路边茶。毛茶有毛庄茶和做庄茶两种，是压制康砖和金尖的原料。做庄茶的特征为茶叶质地粗老，含有部分茶梗，色泽棕褐如猪肝色，内质香气纯正，冲泡后汤色尚红亮，滋味平和。

康砖茶以康南边茶、川南边茶为主要原料，经过毛茶筛分、半成品拼配、蒸汽压制定型、干燥、成品包装等工艺过程制成，净重500g，不分等级，规格为170mm×90mm×60mm。康砖茶品质要求为：外形圆角长方形，表面平整、紧实，洒面明显，色泽棕褐。砖内无黑霉、白霉、青霉等霉菌。内质方面包括香气纯正、汤色红褐、尚明，滋味纯尚浓，叶底棕褐稍花。

西路边茶产地包括邛崃、灌县、崇庆、大邑、北川等地，销往四川的松潘、理县、茂县、汶川和甘肃的部分地区。西路边茶是压制方包茶和茯砖茶的原料。西路边茶鲜叶原料比南路边茶粗老，以刀割当年生或一两年生茶树枝叶为原料。

广西六堡茶：六堡茶因其产地在广西苍梧县六堡乡而得名。六堡茶分为散茶和篓装茶。鲜叶采摘标准为一芽三四叶，在黑茶中是原料较为细嫩的一种。加工的方法主要是：杀青、揉捻、沤堆、复揉以及用松柴明火烘焙。

散装六堡茶的品质特征为条索粗壮，长整不碎，色泽黑润有光；内质香气陈醇带松木烟香，汤色红浓亮，滋味较甘醇并带有松烟香和槟榔味，叶底呈铜褐色。

采用传统的竹篓包装，有利于茶叶贮存时内含物质继续转化，使滋味变醇、汤色加深、陈香显露。产品分特级、一至六级，级外（粗茶），每级又分为上、中、下三等。

六堡茶成品有制成块状的，也有制成砖状、金钱状的，如"四金钱"。圆柱形篓包状，高570mm，直径530mm，每篓净重有55kg、50kg、45kg、40kg、37.5kg等几种规格。品质特征为条索肥壮或粗壮，长整尚紧，压结成块，色泽黑褐润；内质香气陈香浓郁、似槟榔香，汤色红浓似琥珀、有深厚感，滋味陈醇甘滑、清凉甘甜，叶底黑褐泛棕。耐冲泡，有特殊的松烟味和槟榔香气，在一定时间内存放越久品质越佳。其品质素以"红、浓、醇、陈"四绝而著称。内销广东、广西、港澳地区，外销东南亚。

云南普洱茶（熟茶）：根据国家标准《地理标志产品·普洱茶》（GB/T22111—2008），普洱茶定义为以地理标志保护范围内的云南大叶种晒青茶为原料，采用特定加工工艺制成，具有独特品质特征的茶叶。按其加工工艺及品质特征，普洱茶分为生茶和熟茶两种类型，普洱熟茶属于黑茶。

该标准规定，普洱茶地理标志产品保护范围是：云南省昆明、楚雄、玉溪、红河、文山、普洱、西双版纳、大理、保山、德宏、临沧等11个自治州、市所属的639个乡镇。

普洱熟茶的散茶按品质分为11个等级，其品质特征为外形条索肥硕壮实，色泽

褐红（俗称"猪肝色"）或带灰白色。普洱熟茶的内质特点是汤色红浓、独具陈香味、滋味醇和回甘。

蒸压的普洱熟茶是用普洱散茶经蒸压塑形而成，成茶外形端正、匀称、松紧合度。压制成形的普洱熟茶，依形状不同，分为碗形的普洱沱茶、长方形的普洱砖茶和圆形的七子饼茶等。

普洱沱茶，形似碗臼状，每只净重100g或250g。目前也有厂家生产3～5g重的普洱小沱茶。七子饼茶之前多销往东南亚等地，又名侨销圆茶、侨销七子饼茶。七子饼茶每只重357g，每7只为一筒，每筒约重2500g。

●普洱散茶

黑茶的加工工艺对品质的影响

黑茶的原料粗老，成品多数为压制茶，加工的过程中渥堆或者沤堆的工序对品质影响很大。经过潮水和堆积之后，微生物数量大大上升，微生物产生的胞外酶与湿热作用共同造就了黑茶的品质。由于各产区的黑茶工艺仍有一定的差别，本节将主要探讨不同种类的黑茶加工中的关键环节的作用与原理。

黑毛茶加工过程对品质的影响

对黑茶加工的研究表明，鲜叶从绿色逐渐变深的过程伴随着整个加工环节，在高温湿热的条件下，脂溶性色素损失了30%左右，但是在渥堆过程中降解最甚。叶绿素降解形成脱镁叶绿素以及脱镁叶绿酸酯这些深色产物。儿茶素在微生物胞外酶的作用下氧化产生茶黄素、茶红素以及茶褐素等产物，也参与了茶汤和叶底色泽的构成。

黑毛茶香气来自三个方面：一是茶叶本身的芳香物质的转化、异构、降解、聚合形成黑茶的基本茶香，而这一转化过程也得益于微生物代谢产生呼吸热以及茶坯含有的水分造成的湿热环境；二是来自微生物及其分泌的胞外酶，在渥堆中对各种底物作用而产生的一些风味香气；三是烘焙中形成和吸附的一些特殊香气，如黑茶中常见的松烟香（湘尖、六堡茶等）。

黑毛茶的滋味与粗老绿茶有很大的区别，可总结为"醇和微涩，无粗青味，有浓度而无刺激感，无木质味"。这种滋味的形成与渥堆过程也有着必然的联系。在湿热条件下，酯型儿茶素加速氧化降解，茶叶的涩味下降。微生物产生了多酚氧化酶、纤维素酶和果胶酶，茶叶的粗老纤维分解形成具较短碳链结构的可溶性糖，果胶水解变得可溶，茶汤的甜度和黏稠度上升。当渥堆过度时，就可能出现茶叶的碳源消耗过度、茶汤变得淡薄、颜色更加深暗的现象。

黑茶渥堆过程中，纤维素酶与果胶酶活性增强。微生物分泌的这两种酶，使大量的不溶性纤维素和果胶降解成可溶性碳水化合物，其又被作为再生碳源加以利用。粗老硬脆、黏手感极差的揉捻叶通过渥堆后会逐渐软化，使黏手感增强，甚至

还出现泥滑的手感。在生产实践中，有些渥堆过度的茶叶会由于微生物分解产生"丝瓜络"的现象。黑茶叶底的颜色和质地与渥堆的过程关系密切。

茯砖的发花过程对品质的影响

茯砖茶是紧压黑茶的一种，在完成沤堆和压制之后，发花是其必不可少的环节，其目的是促使微生物优势菌生长繁殖，产生"金花"。边区人民往往根据"金花"的质量和数量来判断茯砖茶品质的优劣。

茯砖茶发花产生的优势菌种是冠突散囊菌，这种菌的金黄色孢子散落分布在茯茶砖内部，在品饮时会有类似"松香"气味的金花香气。冠突散囊菌对黑茶品质形成起关键作用。不少学者就冠突散囊菌对于茯砖茶呈味物质的影响做了大量研究后指出，冠突散囊菌可以改进茶叶风味，提高发花黑茶质量。近年来，流行病学研究及相关实验证明发花黑茶具有降血脂、抗氧化、抗菌、降血糖、抗肿瘤、调节胃肠运动、提高免疫力、减肥等功效。

● 发花的茯砖茶

茯砖茶具有独特的菌花香，除了沤堆原料本来具有的香气成分之外，发花的过程会使茶叶带有一定的陈味、较强的火功香以及温和优雅的花香，这些气味加上原料本来的香气物质，最终协调为茯砖茶典型的"菌花香"。

普洱熟茶渥堆过程对品质的影响

普洱熟茶的渥堆发酵过程就是以晒青毛茶的内含成分为基础，在微生物分泌胞外酶的酶促作用、微生物呼吸代谢产生的热量和水分的湿热作用协同下，发生以茶多酚转化为主体的一系列复杂而剧烈的化学变化，从而实现普洱茶（熟茶）特有的色、香、味。

在以往的研究中，人们发现渥堆茶坯含水率随着翻堆次数的增加而减少，儿茶素、茶红素、水溶性糖、氨基酸、原果胶等物质含量减少，而茶褐素、水溶性果胶、茶黄素和咖啡碱含量增加。

普洱熟茶经过渥堆过程和一定时间的存放后会具有"陈香"为主的香气特征，当前也有学者对于普洱熟茶的香气特征及其组分进行了研究。吕士懂、孟庆雄等人在研究中发现：普洱茶从晒青毛茶到熟茶出堆的过程中，香气的组分中醇类和碳氢化合物的相对含量急剧减少，而甲氧基苯类化合物含量持续增加，甲氧基苯类化合物是普洱茶中含量最丰富的香气成分，也是构成普洱茶典型陈香最重要的香气成分，而其余成分起到协调支配作用，各种香气成分不同比例恰当的综合构成了普洱茶陈香浓郁的香气特征。因此，普洱熟茶的香气虽以陈香为典型，但也不乏花果香、木香等香气组分，这些香型成为普洱熟茶香气的不可或缺之要素。

目前，对普洱熟茶中微生物的研究越来越多，人们逐渐了解了参与渥堆发酵的微生物及其在渥堆发酵中的重要性。李思佳等在总结普洱茶发酵中微生物及酶系研究进展中提及：黑曲霉、青霉、根霉、灰绿曲霉和酵母等微生物存在于普洱茶的整个加工过程中。周红杰对云南普洱茶渥堆过程中的微生物研究表明：主要微生物有黑曲霉、青霉属、根霉属、灰绿曲霉、酵母属、土生曲霉、白曲霉、细菌类，其中黑曲霉最多。

普洱熟茶滋味是以黄酮类及其氧化产物、茶多酚及其氧化产物为主要组分的多味综合体，其表现出的陈香、醇、甘、滑等品质特点与发酵过程中的优势菌种是分不开的。

黑曲霉菌是普洱熟茶渥堆过程的优势菌种之一，是世界公认安全可食用的菌属，在渥堆过程中能产生20种左右的水解酶，其中葡萄糖淀粉酶、纤维素酶和果胶酶可以分解包括多糖、脂肪、蛋白质、天然纤维、果胶等物质，这些水解产物大多为单糖、氨基酸、水溶性果胶等，是形成普洱熟茶醇厚甘滑的物质基础。

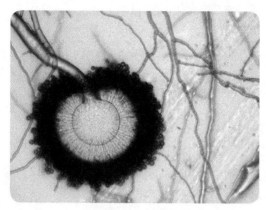

●黑曲霉菌电镜上色图

普洱熟茶渥堆试验中常有青霉菌的出现，青霉素发酵中的菌丝废料含有丰富的蛋白质、矿物质和B类维生素，同时，青霉代谢产生的青霉素对杂菌、腐败菌可能有良好的抑制生长作用。

●青霉菌电镜上色图

根霉菌在渥堆中能产生糖化酶、果胶酶、蛋白酶等，这些酶及其代谢产物的出现有利于普洱熟茶黏滑和醇厚品质的形成。根霉菌还能产生芳香的醇类化合物，也是转化甾醇族化合物的重要菌类。根霉菌具有较强的分泌果胶酶的能力，可以促进普洱茶叶的软化，如果控制不当，可能导致茶叶软烂成泥。

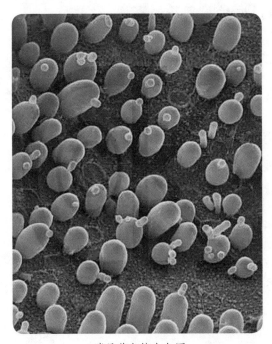

●酵母菌电镜上色图

　　酵母菌在普洱熟茶渥堆过程中会利用先期霉菌分解纤维素、果胶等产生的各种多糖，继而产生维生素B1、B2、C。普洱茶甘、醇、厚等品质特点的形成也与酵母菌的消长有关。

当黑茶的渥堆过程进行过度时会对茶叶产生什么影响？

黑茶审评实验设计

实验一 不同产地散装黑茶的审评

1. 实验的目的

掌握黑茶特别是散装茶的评茶方法，了解不同产地黑茶的风格特征。

2. 实验的内容

根据国家标准对不同产地散装黑茶进行感官审评，辨别不同花色之间黑茶风格特征的区别，撰写评语。

3. 主要仪器设备和材料

不同产地的散茶教学样（普洱散茶、湘尖、散装六堡茶等），样盘、250mL通用型审评杯碗、汤勺、天平、计时器、叶底盘、吐茶桶、记录纸等茶叶感官审评全套设备。

4. 操作方法与实验步骤

外形审评：散形茶，如云南普洱条形茶条索"肥实"，色泽"褐红""乌褐"。色泽描述因"褐"的程度不同有"黑褐"、"黄褐"、"棕褐"等，色泽只反映黑茶的种类特征，一般以润为好。

内质审评：取样应将茶样上下混合均匀后取5g样品放入容量为250mL的茶杯内，注满沸水加盖冲泡2分钟，按冲泡次序将茶汤沥入审评碗中，用于审评汤色和滋味，留叶底于杯内审评香气。之后进行第二次冲泡，在审评杯内加入沸水冲泡5分钟，按冲泡次序沥茶汤于审评碗中，依次看汤色、嗅香气、尝滋味和看叶底。

汤色结果以第一次为主要依据，香气、滋味以第二次为主要依据。

汤色由"黄红"向"红浓"深度方向发展，香气纯正或带陈香，滋味醇和。某些黑茶香味较为特殊，普洱茶滋味醇厚有陈香味，六堡茶滋味清醇爽口有陈味。

黑茶的香味描述，应注意区分陈香、菌香与霉气，滋味陈醇、醇厚、醇和以及正常的"烟焦味"。"陈香"是指茶叶经后发酵并存放一定时期陈化产生的陈纯香气，如普洱散茶，质量好的应不夹"霉"的气味。黑茶的香味特征各异，不能一概而论。

5. 实验数据记录和处理

根据实验结果撰写报告单，特别注意不同产地之间黑茶的风格特征和评茶术语的把握。如表7-1所示。

表7-1 黑茶散茶品质因子审评系数

单位：%

茶类	外形	汤色	香气	滋味	叶底
黑茶散茶	20	15	25	30	10

实验二 不同产地黑茶压制茶的审评

1. 实验的目的

掌握黑茶特别是压制茶的评茶方法，了解不同产地黑茶的风格特征。

2. 实验的内容

根据国家标准对不同产地黑茶压制茶进行感官审评，辨别不同花色之间黑茶风格特征的区别，撰写评语。

3. 主要仪器设备和材料

不同产地的黑茶压制茶教学样（篓装、砖、饼、沱等茶），拆茶刀或锥、样盘、250mL通用型审评杯碗、汤勺、天平、计时器、叶底盘、吐茶桶、记录纸等茶叶感官审评全套设备。

4. 操作方法与实验步骤

外形审评：紧压茶外形评定主要看各形状茶的表面是否平整、光洁，色泽是否呈黑褐或黄褐等色及其油润程度；压制茶还需要关注外包装是否完整和符合规格。审评茶叶的外形还需注意的是造型是否周正，模纹是否清晰，松紧是否适度，重量规格是否符合规范等因素。

内质审评：取样应从每块样的各个部位取5个点样品，混合缩合后取5g样品放入容量为250mL茶杯内，注满沸水加盖冲泡2分钟，按冲泡次序将茶汤沥入审评碗中，用于审评汤色和滋味，留叶底于杯内审评香气。之后进行第二次冲泡，在审评杯内加入沸水冲泡5分钟，按冲泡次序沥茶汤于审评碗中，依次看汤色、嗅香气、尝滋味和看叶底。

汤色结果以第一次为主要依据，香气、滋味以第二次为主要依据。

5. 实验数据记录和处理

根据实验结果撰写报告单，特别注意不同产地之间黑茶的风格特征和评茶术语的把握。如表7-2所示。

表7-2　黑茶压制茶品质因子审评系数（%）

茶类	外形	汤色	香气	滋味	叶底
黑茶压制茶	25	10	25	30	10

思考

1. 简述黑茶汤色和茶叶综合评价之间的相关性。

2. 根据黑茶的审评结果思考实际冲泡时要注意的细节有哪些？

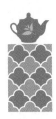

附 黑茶常用评语

干茶外形评语

泥鳅条：茶条圆直较大，状如小泥鳅。

折叠条：茶条折弯重叠状。

端正：砖或饼身形态完整，表面平整，棱角或线条分明。

纹理清晰：砖面花纹、商标、文字等标记清晰。

紧度适合：压制松紧适度。

起层落面：里茶翘起并脱落。

包心外露：里茶露于砖茶表面。

金花普茂：茯砖茶中特有的金黄色孢子俗称"金花"，金花普遍茂盛，品质尤佳。

丝瓜络：渥堆过度，复揉中叶脉和叶肉分离。

缺口：砖面、饼面及边缘有残缺现象。

脱面：饼茶盖面脱落。

烧心：压制茶中心部分发黑或发红。

斧头形：砖身一端厚、一端薄，形似斧头状。

乌润：乌而油润

猪肝色：红而带暗似猪肝色，为金尖的色泽。

黑褐：褐中泛黑，为黑砖的色泽。

青褐：褐中带青，为青砖的色泽。

棕褐：棕黄带褐，为康砖的色泽。

黄褐：褐中显黄，是茯砖的色泽。

青黄：黄中带青，新茯砖多为此色。

铁黑：色黑似铁，为湘尖的正常色泽。

半筒黄：色泽花杂，叶尖黑色，柄端黄黑色。

汤色评语

橙黄：黄中略泛红。

橙红：红中泛橙色。

红暗：红而深暗。

深红：红较深，无光亮。

棕红：红中泛棕，似咖啡色。

棕黄：黄中带棕。

黄明：黄而明亮。

黑褐：褐中带黑。

红褐：褐中泛红。

香气评语

菌花香：茯砖茶发花正常茂盛所发出的特殊香气。

松烟香：松柴熏焙带有松烟香，为湖南黑毛茶和六堡茶等传统香气特征。

陈香：香气陈纯，无霉气。

酸馊气：渥堆过度发出的酸馊气。

霉气：霉变的气味。

烟焦气：茶叶焦灼生烟发出的烟焦气。

滋味评语

陈醇：滋味醇带陈香而无霉味。

醇浓：醇中感浓。

醇正：尚浓正常。

醇和：味欠浓较平和。

粗淡：味淡薄，喉味粗糙。

叶底评语

硬杂：叶质粗老、坚硬，多梗，色泽驳杂。

薄硬：叶质老，瘦薄较硬。

青褐：褐中泛青。

黄褐：褐中带黄。

黑褐：褐中泛黑。

红褐：褐中泛红。

附 黑茶常见品质弊病

闷气：主要由于发酵不足、不匀、蒸热气不透散而生一种不扬的淡薄的"捂闷气"。

闷味：闷杂味。渥堆过程时间长，温度低，微生物作用不足；或温度过高，未及时翻堆。味道淡薄，无活力。

酸气：发酵不足或水分过多而出现的有酸感的气味。

馊气：渥堆温度低、发酵不足而发出的类似于酒糟气味。

霉味：受杂霉污染霉变，类似潮湿贮藏物产生的霉变带有刺激性的气味，有令人不愉快的霉味，不同于陈味、陈香。

青涩：常因渥堆发酵不足而产生滋味的青气且带有涩口感。

平淡：常因发酵过度，茶汤口感似喝开水，淡薄、无味。

汤色偏黄：普洱紧压茶类由于发酵不足使汤色偏黄，不符合红浓的品质要求。

深红偏暗：常因发酵过度而引起汤色暗浊。

黑烂：叶底夹杂变质的渥堆叶，色黑、叶质无筋骨。渥堆湿度过大，温度高未及时"翻堆"，堆心叶腐烂变质。

附　不同制法的黑毛茶术语

　　全晒茶：全用太阳晒干，表现为：叶不平整，向上翘；条松泡、弯曲；叶麻梗弯，叶燥骨（梗）软；细嫩者色泽青灰，粗老者色灰绿，不出油色；梗脉呈现白色；梗不干，折而不断；有日晒腥气和冲刺鼻感，水清味淡。

　　半晒茶：半晒半炕茶，晒至三四成干，摊凉，渥0.5小时再揉一下，解块用火炕烤，这种茶条尚紧，色黑不润。

　　火炕茶：条较重，叶滑溜，色油润，有松烟气味。

　　陈茶：色枯，梗子断口中心卷缩，三年后就空心，香低汤深，叶底暗。

　　烧焙茶：外形枯黑，有枯焦气味，易捏成粉末，对光透视呈暗红色，冲泡后茶条紧卷、不展开。

　　水潦叶：用水潦杀青，叶平扁带硬，灰白或灰绿色，叶轻飘，香低汤浅味淡。

　　蒸青叶：黄梗多，色油黑泛黄，茎脉碧绿，汤色黄，味淡有水闷气。

黑茶的品鉴——不同类型黑茶的冲泡体验

冲泡体验一

茶名：普洱熟茶。

用水：农夫山泉。

冲泡器皿组合：粗陶煮水壶、老紫泥紫砂容天壶、粗陶公道杯、月白瓷质卧足碗，茶水比1:30。

时间：冬至（清霜风高未辞岁，数九天寒）。

冲泡流程：茶饼拆分备用，粗陶壶煮水，水沸而烫壶、公道、茶碗，投茶入紫砂壶，沸水浸润，第一泡弃之不用，以沸腾之水冲泡，15秒后，沥汤入公道，分汤入杯，再饮以沸水冲泡重复上文。泡至中后段，须保证沸水冲泡，适当延长冲泡时间，并使用"留根"泡法，增加茶汤的浓度。

品鉴：普洱熟茶汤色红浓，香气陈醇，滋味醇和不涩，最宜冬季品饮。粗陶壶煮水，水过砂而甜，紫砂壶冲泡，杂味易散，卧足碗低矮敦实，置于掌心，自有踏实温暖之意。冬日饮食厚重，熟普热饮，消脂解腻最恰。

●普洱熟茶冲泡方案

冲泡体验二

茶名：陈年六堡茶。

用水：农夫山泉。

冲泡器皿组合：粗陶煮水壶、横柄柴烧陶壶、柴烧公道杯、白瓷葵口盏，茶水比1：30。

时间：小寒（草庐檐下冰笋久，竹炉汤沸火初红）。

冲泡流程：粗陶壶煮水，水沸而烫壶、公道、茶盏，投茶入壶，水沸而浸润洗茶，第一泡弃之不用，茶壶开盖稍散黑茶之杂味，沸水冲泡至八分满，一两呼吸间沥汤入公道，分汤入羽殇，再饮再以沸水冲泡。

品鉴：陈年六堡茶香气独具槟榔香，滋味略带松烟味，醇和回甘，以粗陶所煮之水，再由柴烧壶、公道冲泡，茶味更醇，葵口盏底浅而阔，亦作酒器，冬日饮之，正有竹炉汤沸火初红之境。

●陈年六堡茶冲泡方案

冲泡体验三

　　茶名：茯砖（产地：湖南益阳）。

　　用水：娃哈哈纯净水。

　　冲泡器皿组合：朱泥石瓢壶、食品级滤纸袋、敞口玻璃公道碗、带柄玻璃杯，茶水比1∶30。

　　时间：处暑（冷热交替时节，茯茶，"福茶"）。

　　冲泡流程：茯砖拆分置茶则备用，选适量装入滤纸袋，沸水烫洗紫砂壶、玻璃公道、玻璃杯备用，将茶包放入紫砂壶，注沸水浸润洗茶，第一泡弃之不用，沸水加至壶满加盖，静置约20秒出汤，经由滤袋过滤，茶汤较清澈，公道碗敞口易散热，分茶入玻璃杯品茗。

　　品鉴：茯砖金花茂盛，饮之有独特之"菌花香"，与松香相似，滤袋过滤，茶汤清澈，口感醇滑，茶壶易洁，石瓢取其"弱水三千，但取一瓢饮"之意，玻璃公道和玻璃品杯皆易散热，处暑时节冷热交替，饮茯砖得肠胃之安泰。

●茯砖冲泡方案

闲时茶话之一

一期一会　刹那芳华

两年前曾有一次日本京都之旅，是抱着学习、感受、增益见闻之心去的，旅行中包含了到大德寺的参观和与修行的法师有一场茶的对话。

作为一个从事茶叶行业的人比如我，是希望从日本的行程中看到被保存良好的我们曾经的精致文明；作为一个从事教育的人比如我，也希望从不同的文化观照和感受中反思我们自己的文化。这些感受在我的京都之行中，逐步被加深。

在里千家的茶学园我感受到的是对于文化一丝不苟的传承和对任何一项安排提前准备的用心。无论是洒扫的庭院、应景的茶器还是茶室里散发的淡淡香气，千利修所制定的茶道仪轨被严格地遵守，又兼之日本人认真严谨的民族性格，所有的细节都被很好地体贴和照顾到。在啜饮薄茶的那一刻，不禁让人感喟：文化究竟是在严格的传承中还是不断变化下会更有魅力？

在思考传承和变化的命题时，忽然意识到：假如已经知会过大德寺的僧侣中国来的一行人将要前往进行茶的交流，那么在日本人看来必是件极其慎重的事情，与我们所理解的不期而遇，相谈甚欢是两个概念。不幸的是，我这个喜欢闲散自在的中国人旅行中只带着若干种好茶和最方便简单的器具。我希望的更多的是与朋友把盏论茶、思绪信马由缰，至于形式却不必拘泥。而当下看来，这样的心态和准备对于一切都认真筹备的日本友人而言是难免有简慢之嫌。

不想在这种微妙的民间交流中失了礼，也不希望在文化的交流碰撞中落了下乘，于是在旅行途中搜索合用的茶器，给自己准备的茶叶构想合适的表现主题，这样的琐碎事务就穿插在去大德寺前的每一天。

●煎茶茶碗

在我的了解中，大德寺是日本禅宗文化中心之一，尤以茶道文化而闻名。日本茶道集大成者千利休也与大德寺有着极深的渊源。千利休曾提出了著名的"一期一会"，意味着："茶会是'一期一会'之缘，即便主客多次相会，但也许再无相会之时，作为主人应尽心招待客人而不可有半点马虎，而作为客人也要理会主人之心意，并应将主人的一片心意铭记于心中，因此主客皆应以诚相待。此乃为'一期一会'也。"人生及其每个瞬间都不能重复。

　　"一期一会"提醒人们要珍惜每个瞬间的机缘，并为人生中可能仅有的一次相会，付出全部的心力；若因漫不经心轻忽了眼前所有，那会是比擦身而过更为深刻的遗憾。

　　在东寺的集市上偶遇一制陶老者，摊位上摆放了大大小小的陶器，其中花瓶和茶盅质朴沉稳，难得的是器身凹刹的手握点找得恰到好处，黑色流釉的茶盅出水流畅而不滴沥，显见是仔细斟酌过器型的。友人帮我购买时试图杀价，老者很诚挚地说："我其实是当地知名的陶艺师，准备举家搬迁到名古屋去，所以才倾囊而出，价格并无不公。"面对诚挚，用了心机的我不免羞愧，之后每用到这个茶盅，这一幕都会浮现在脑海中，这些自然是后话。这款茶盅与我当时随身携带的盖碗无论大

●大德寺

小或是气质竟是十分契合！

　　茶杯的购买也是一幕有趣的插曲。一路上我着力于搜索适合功夫泡法的茶杯，日本煎茶适用的茶碗多数体量较大而不合用，在清水寺前的街上终于找到了称心的杯型。梅花口、绘有松竹图案的青花杯，青料凝聚处居然有苏麻离青料相似的金属斑点，难得的是大小适用的同时还是六杯为一套，不似常规日本的煎茶碗，颇有清三代的文人风。只是价格着实昂贵，站在茶器面前很是踌躇了一阵。同行友人邵君，不似富豪慷慨，倒像侠士济困，谈笑间已然嘱咐店员打好包并付了款，相配的杯子也有了。这样的过程就像《圣经》中上帝创世纪那样，上帝说"要有光"，于是就有了光。想要为泡茶而准备的一件件器皿就这样异常顺利地备齐了。

　　站在大德寺聚光院的门前，尽管早前已有心理准备，我仍是被庭院疏落有致的植物、保存百余年仍完好的茶室所震撼。这种通过无数细节营造的宁静应该就是所谓的"市中山水"吧！

　　正值隆冬，我给寺里的法师准备了一款陈年的熟普。

　　茶的表现形态传入日本以一种严格的仪轨被保留下来，但在中国却会因为生活中的种种偶然而生出千变万化，普洱熟茶就是其中一例！刻意的潮水堆积，微生物的意外沾染，看似偶然，又像蕴含着不可言说的神秘智慧。

　　陈年的熟普意味着普洱茶经历了渥堆的过程又经过了岁月的洗礼。渥堆是通过微生物沾染使茶叶快速发酵的环节，听上去有点像做酱油或者酿酒。微生物分解了茶叶的一部分营养，也给茶叶提供了新的酶，这种反馈的礼物，就像是增加的新动力一样，茶叶凭借这些外力完成了后续的发酵过程。之后的陈放岁月则是把这个成果加以完善，让茶的滋味变得更加醇厚温和。先舍而后得，枯荣交替，这样的过程有如涅槃重生，茶禅共通之味也正在于此！

　　对于生命中遇到的人和事，认真对待，精心准备，带着"一期一会"的心态，也许才不算虚度时光；而真正遭遇困苦和磨砺时，却需要柔软了身段，保持乐观，发挥所有的智慧顺势而为，这时便是人生中精彩的转弯！

　　再后来，以一套山水桃花茶具回赠邵先生以感谢他的善意，而那套青花小杯就留在身边作了久远的纪念。一期一会，生命中遇到的一些人和事真的可能再也无法相逢，于是这些承载了记忆的器皿就成了生命中美好的标记！

闲时茶话之二

泾阳茯砖小记

2014年末，托中国茶叶学会的福，我赴陕西咸阳参加茶叶科技年会，其间有幸参观了泾阳的茯砖加工企业，也顺带了解了茯砖在泾阳的发展历史与曾经的辉煌。时光荏苒，近日整理旧文，特辑录整理以飨读者。

泾阳位于陕西省中部，是"八百里秦川"的腹地。据考，自汉朝张骞出塞打通了古丝绸之路开始，泾阳就是丝之路上的货物集散地和中转站。唐朝中期，政府执行茶马交易制度，以南方的茶叶换取牧区的马匹。泾阳在唐时隶属京畿道，是行政和经济要地，在茶马交易中集散、转运的地位愈发突出。一个有趣的细节是：泾阳位于泾河的下游，泾河应该就是指唐时的泾川。在唐人传奇小说中有一则叫作

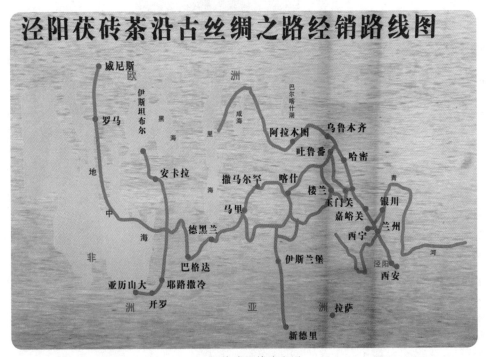

●泾阳茯砖经销路线图

《柳毅传》的故事，说的就是儒生柳毅救了困顿中的龙女。作为洞庭君爱女的龙女嫁的泾川次子，婚姻不幸，蒙柳毅传书搭救。可见在当时，泾阳是京畿要地，泾河也是很大的水系，与湖南洞庭水系也似乎有着某种联系。

宋朝实行政府专营的"榷茶制"，设立茶马司，专司茶马交易事务。当时，茶商需向政府纳税领取"引票"，持"茶引"至产地收购，将茶叶运往泾阳加工，再销往西北。北宋神宗熙宁年间，茶商为减小体积，增加运量和方便携带，将散茶用模具筑压成秦砖大小的茶砖，至此，泾阳砖茶宣告诞生。

明代洪武年间，茶商们在运输过程中意外发现了砖茶长满了"金花菌"，由于滋味醇厚，香气持久，销往边区后深受牧民喜爱。经过反复思考和试验，终于形成了较为完备的茶砖发花工序，泾阳砖茶由此定型。

清朝至民国时期是泾阳茯砖茶的鼎盛时期，《泾阳县志》记载："清雍正年间，泾邑系商贾辐辏之区。"清代卢坤的《秦疆治略》记载："泾阳县官茶进关，运至茶店，另行检做，转运西行，检查之人，亦有万余。"官茶专制，转运贸易，背后是巨大的商业价值，泾阳本身并不产茶，茶叶原料主要由陕南、湖南部分地区运至于此。在清朝晚期，左宗棠调任陕甘总督，品尝到泾阳茯砖之醇厚，之后左宗棠率湘军征战新疆时又见识到茯砖调节水土不服之利后，难免起了造福桑梓之心。

1873年，左宗棠主持茶务改革，极大地刺激了茶叶在西北地区的贸易，增加了泾阳茯砖的产销量，湖南十多家茶商相继在泾阳开业制茶。之后，左宗棠又改"引"

●手筑茯砖

为"票",把压制茯砖的中心逐渐转移到家乡湖南,湖南茯砖的历史由此开始。这一时期,由于泾阳茶叶集散、转运地位十分重要,因茶叶带动兴起的毛皮加工业在全国颇有名气。乾隆年间,泾阳是西北最大的毛皮加工集散地,也是当年声望最大的硝烟产业所在地,同时还是中药材的集散转运枢纽,更是当年的西北棉库。泾阳县城中现在还保留有骆驼巷、堆垛场、四茗楼巷、粮集路等名称,某种程度上见证了泾阳茯砖茶辉煌的历史。

民国时期,泾阳是全国最大的南茶西运加工集散地。泾阳县城内茶店林立,茶号茶行达86家,年销泾阳茯砖万担以上。当时的县城内,不仅茶店铺面林立,商贾云集,其相关的驼行、麻袋店铺也是鳞次栉比,热闹非凡。茯砖除销往西域各地外,更远销至俄国、西番、波斯等40多个国家。

民国后期,泾阳茯砖茶加工生产每况愈下,加之陇海铁路的开通,极大地改善了南北、东西物资的运输条件,茶叶逐渐倾向由产地直接加工生产外运,运至泾阳的茶叶锐减,产量下降。中华人民共和国成立之初,泾阳县成立了人民茯茶厂,生产茯砖茶,因原料全靠外进,国家计划经济限制较多,加之中央政府要求把茶叶的加工生产转移到茶产地。而湖南安化引进泾阳茯砖茶生产技术于1953年试制成功,黑毛茶在泾阳的生产成本较安化高,生产逐渐减少,至1958年后停产,泾阳生产茯砖的历史至此几乎终结。

总结泾阳手筑茯砖的制作过程,基本描述如下:

1. 南方茶区的初制毛茶运至泾阳,经过初步筛除杂质;用铡刀反复切、剁筛选过的毛茶。

2. 按照一定的比例将不同等级的毛茶拼配并拌和均匀。

3. 制茶釉:取适量老茶、茶果,加井水熬制茶釉。

4. 将多层枸树皮纸糊成茶封套,以备压制茶砖之用。

5. 将茶封套固定于相配套的木模梆子中间。

6. 拼配好的茶叶,用篾篓称取一定重量备用。

7. 炒茶:将铁锅烧热,舀入适量茶釉,待茶釉沸腾后,将茶叶倒入并快速翻炒。

8. 将炒制好的茶叶压入模具筑压成形,干燥后封装。

9. 茯砖发花。

由于在泾阳压制茯砖过程中会产生"金花"(冠突散囊菌孢子),而金花繁殖的

过程中会产生多酚氧化酶、纤维素酶和蛋白酶，使粗老的茶叶苦涩味降低，茶汤颜色变黄红，滋味变醇厚，粗老味减弱。所以，金花茂盛的茯砖会具有独特的"菌花香"，对于人体保健有一定的作用。由于泾阳的水质、气候、技术对于"发花"有利，故泾阳在制茯砖的历史上有"三不离"之说，即离不开泾阳的井水、离不开泾阳的气候、离不开泾阳的筑茶技术。

关于茯砖的叫法由来有两种说法：一说是只有伏天才好发花，茶叶属草木之物，故名"茯砖"；一说是制成的茯砖有土茯苓之功效而得名。以泾阳的气候条件而言，只有夏季三伏天，菌类才更容易繁殖，产生"金花"，金花茂盛之后，茯砖的醇厚感才会形成，似乎第一种说法更可信些。

时至2014年，泾阳县努力恢复茯砖产业，相继建成多家现代化的茯砖加工厂，调集湖南茯砖业内之骨干，以期恢复泾阳茯砖曾经之辉煌。最近才建成的茯砖加工厂实现了全程清洁化生产和自动化生产，而传统的手筑茯砖仍然保留，传统和现代在这里得以交汇。

第八章

普洱茶的
审评与品鉴

—时光的味道

　　2008年12月1日，中华人民共和国国家质量监督检验检疫总局颁布实施了地理标志产品普洱茶的国家标准GB/T22111—2008，对于普洱茶的地理标志产品保护范围、定义、类型等内容做出了规定。

　　在该项国家标准中对于普洱茶的定义如下：普洱茶（Puer tea）以地理标志保护范围内的云南大叶种晒青茶为原料，并在地理标志保护范围内采用特定的加工工艺制成，具有独特品质特征的茶叶。按其加工工艺及品质特征，普洱茶分为普洱茶（生茶）和普洱茶（熟茶）两种类型。

　　对于普洱茶（熟茶），由于其经过微生物、酶、湿热、氧化等综合作用，内含物发生一系列转化，形成汤色红浓，滋味醇和不涩的风格，属于后发酵的茶类，在本书中根据微生物参与固态发酵的原理，将其划归到黑茶的范围中进行讨论，故不再在本章赘述。

　　而对于云南大叶种茶经过适度杀青、低温干燥（晒青）后在时间的长河中不断陈化后熟的一系列茶品（生茶）则是本章要重点讨论的内容。对于此类茶品，其品质的构成既受到品种、地域、工艺的影响，也受到贮藏环境温湿度、氧气以及存放时间长短的影响，加之市场因素的影响，要想客观地评价这部分茶的品质变得尤其困难。本文将尽量客观地探讨品种、地域、工艺以及时间对此类茶品的影响，希望对读者有所增益。

不同时期的普洱茶及其品质特征

我们今天所关注的普洱茶，其品种、生长区域、加工工艺和形制特征等无一不带有历史的痕迹，因此，对普洱茶（生茶）的探讨应该首先从普洱茶的历史谈起。

唐代樊绰的《蛮书》中写道："茶出银生城界诸山。散收，无采造法。蒙舍蛮以椒、姜、桂和烹而饮之。"银生城由云南的南诏王所建，范围在今天的元江县、镇沅县、景东县、澜沧县以及西双版纳傣族自治州，与后来的普洱茶的主产区基本吻合。

这一段关于唐代云南出产茶叶的资料，并没有论及具体的加工方式，或者由于生产方式较为粗放，在唐代的茶叶史料中并未正式提及云南的茶品。

直至明代，文献中始有论及云南所出之佳茗，诸如冯时可的《滇行纪略》中记载："（楚雄府）城外石马井水，无异惠泉。感通寺茶，不下天池伏龙，特此中人不善焙制尔。"明代的茶叶以炒制的散茶居多，所以文中的感通寺茶应该也属于滇绿的范畴。

清代刘源长撰写《茶史》，其中"茶之名产"一节中谈道："云南感通茶产大理府点苍山感通寺。湾甸茶即湾甸州境内孟通山所产，亦类阳羡茶，谷雨前采者香。"文中所述的感通寺在今天的大理苍山，湾甸则是在今天保山市昌宁县境内的湾甸傣族乡。这时所记载的感通茶和湾甸茶应该与其他地区的绿茶无差异。

同为清代的茶著，汪灏撰写的《广群芳谱·茶谱》中这样描述云南所出："《云南志》太华山在云南府西，产茶，色味俱似松萝，名曰太华茶。普洱山在车里军民宣慰司北，其上产茶，性温味香，名曰普洱茶。孟通山在湾甸州境，产细茶，味最胜，名曰湾甸茶。"至此，普洱茶的提法比较正式地出现，而普洱茶的名称来源于地名。

清人吴大勋在《滇南闻见录》中记载："团茶产于普洱府属之思茅地方，茶山极广，夷人管业，采摘烘焙，制成团饼，贩卖客商，官为收课。每年土贡，有团有膏，思茅同知承办团饼，大小不一，总以坚重者为细品，轻松者叶粗味薄。"这段文字可以看出，清代在思茅（今普洱市）出产团饼茶，大小不一，土贡的花色既有压制茶，也有茶膏。

清人檀萃的《滇海虞衡志》一书中这样描述："普茶名重于天下，此滇之所以为产而资利赖也。出普洱所属六茶山，一曰攸乐，二曰革登，三曰倚邦，四曰莽枝，五曰蛮嵩，六曰慢撒，周八百里。入山作茶者数十万人，茶客收买，运于各处，每盈路，可谓大钱粮矣！"

综合上述史料，可以得出的结论是：①直至清代中晚期，普洱茶因普洱府而得名，茶的来源则是滇西、滇南的云南大叶种晒青毛茶；②当时的普茶之说也是因为地名而来，涵盖了这一地区出产的多种茶品；③根据原料细嫩程度不同，也会有散茶，如雨前所采之毛尖，也有压制成不同规格的团茶，如芽茶、女儿茶，还有用粗老的原料压制成团状，甚至制成茶膏。

清代，普茶的采摘和初制主要由少数民族的茶农完成，汉人主要负责收购和贩运销售。云南大叶种经过日晒干燥，水分含量必然较高，运出产地要装入竹筐，为了防止茶叶断碎，也需要在包装前喷洒少量清水，将茶叶潮软。在茶叶运输过程中，经过人背马驮到达茶叶集散地，这时茶叶已经在相对潮湿的小环境中完成了一部分转化的过程。在思茅总茶店（清雍正时设立的集散地），一部分茶叶蒸压成饼茶，每七饼为一筒，外包笋叶，随后经茶马古道销往藏区。长途的运输中经过日晒雨淋、海拔的高低转换以及销区的贮藏，形成云南大叶种后发酵普洱茶，独特的陈香和浓醇的茶汤受到藏胞的喜爱。

清朝后期，私人茶庄纷纷涌现，早期茶庄多集中于思茅和易武两地，1908年，在勐海恒春茶庄的带领下，西双版纳的茶庄如雨后春笋般出现。澜沧江以北以易武为中心的茶区被称为"江内"，澜沧江以南以佛海为中心的地区被称为"江外"，江内江外各有六大茶山。虽然传统的六大茶山被认为质量高出一筹，江外的车里（今景洪）、佛海（勐海）、景迈古茶山（澜沧县）等地的茶产量远远高于江内。

随着茶产区的扩大，经营茶叶的茶庄数量增多，每个茶庄难免做不同产地的茶叶，这时他们使用不同的牌印以示区别，表现在茶叶的包装上就是内飞和内票。不仅当时茶庄林立，数量众多，每家茶庄在经营过程中也常常出现更改商标的做法。这些茶行在维持传统的藏销紧茶、川销沱茶的同时，积极外销，通过蒙自海关取道越南，水运到上海等地进入东南亚和我国港澳地区，培养了东南亚一带大批普洱茶消费者，销往这一地区的普洱茶饼也被叫作"侨销圆茶"。

这些在不同年份被生产出来的生茶，经过岁月自然后发酵的过程，日后成为收藏者眼中的"古董茶"，在很大程度上影响了当前人们对于普洱茶品质的认知。

随着运输方式的不断便利，普洱茶运往销区的时间变短，后发酵的过程变得不再完整，经过茶商以及茶厂人员的反复研究，终于在20世纪70年代提出了较为成熟的人工快速渥堆发酵技术。1975年之后，普洱熟茶开始量产和外销，人们对于普洱茶的认知也开始分为生茶和熟茶。此后，陈年生饼和熟饼之间的争议也一度成为市场的热点。

就陈年生茶和熟茶进行对照看来，两者从汤色、香气、滋味、叶底方面都存在差异。经由岁月陈化的生茶虽然茶汤颜色变深，滋味变得醇厚但不乏刺激感，品种特征仍会在多次冲泡之后显现，叶底也依然完整和具有亮度；经过渥堆发酵的熟茶，由于微生物的分解作用，茶汤红浓而醇和，香气表现为陈香而非品种香，茶叶的纤维素被一定程度分解，叶底会产生泥滑现象，茶汤的刺激性几乎完全消失。

现代普洱生茶的加工技术

在本书中要重点讨论的是现代普洱生茶的品质以及变化，针对普洱茶的定义，特节录普洱生茶的概念如下：普洱生茶是以符合普洱茶产地环境条件下生长的云南大叶种茶树鲜叶为原料，经杀青、揉捻、日光干燥、蒸压成型等工艺制成的紧压茶。其品质特征为：外形色泽墨绿，香气清纯持久，滋味浓厚回甘，汤色绿黄清亮，叶底肥厚黄绿。普洱生茶的加工技术在一定程度上也会造成对未来茶品特征的影响。

鲜叶采摘：高档普洱茶的采摘通常采用细嫩采，其对鲜叶嫩度要求很高，一般是采摘茶芽和一芽一叶，以及一芽二叶初展的新梢，俗称采"旗枪"、"莲心"茶。采摘这类茶比较花工夫，产量不多而季节性强，大多在春茶前期采摘。传统普洱茶的采摘一般采用适中采，要求鲜叶嫩度适中，一般以采一芽二叶为主，兼采一芽三叶和幼嫩的对夹叶。这种采摘标准，茶叶品质较好，产量也较高，是目前采用最普遍的采摘标准。有些茶厂为了协调茶叶品质，也会在秋季制作毛茶作为春茶的补充，这部分原料在8—10月采收，称谷花茶，茶质次于春茶。

●大叶种的新梢嫩叶

摊放：大叶种鲜叶含水量较高，其茶多酚含量也高很多，较长时间的摊放可散发较多水分，能促进一部分水解酶活性的提高，使部分大分子化合物如酯型儿茶素和蛋白质水解成小分子化合物，改善口感。摊放的环境要求凉爽清洁，空气流通，无阳光直射。摊放的过程尽量少翻动，防止碰伤叶片，引起红变。

杀青：杀青对普洱茶原料的品质形成起决定作用。在杀青过程中，鲜叶大量失水，并伴随着强烈的热化学反应。与绿茶的杀青相比，普洱生茶的杀青更侧重水分的散发以及青气的逸散，叶温的升高不如绿茶来得彻底，酶的活性也未必如绿茶

般彻底失活。杀青常用的方式既有使用杀青机，也有使用炒锅杀青。炒锅杀青时常会有焦边和叶片红变的现象出现。茶叶也有可能在此过程中吸附柴灶的烟味。

揉捻：普洱茶原料加工时根据鲜叶老嫩的不同，生产实践中揉捻时间的长短和加压的轻重应视茶叶老嫩而定。较粗老鲜叶揉捻时必须采取轻压，揉机转速要慢，揉捻时间不宜长，否则叶肉和叶脉易分离。由于云南大叶种茶树的酯型儿茶素含量较高，有些产区为了减轻茶汤的苦涩感，避免细胞的大量破损，对原料在揉捻过程中使用力度较轻，致使茶条较为粗松。

干燥：主要通过日晒的方式使茶叶干燥，这样的晒青毛茶含水量在9%～12%的范围，与绿茶的干燥所经历的高温和低含水量有所区别。普洱生茶晒青毛茶进厂后，对照收购标准样复评验收，按验收等级归堆入仓。

●手工揉捻叶

筛分：验收归堆之后要进行原料的筛分，基本分出盖面（又称洒面茶）、底茶（又称里茶），剔除杂物。茶厂一般按产品单级付制、单级收回，经风选、拣剔后分别拼成面茶与里茶。

拼配：经过筛切后的各种筛号茶，分别根据各种普洱生茶加工标准样进行审评，确定各筛号茶拼入面茶及里茶的比例。按比例拼入面茶和里茶的各筛号茶，经拼堆机充分混合后，喷水进行软化蒸压。

蒸压：将拼配完成的原料称取规定的重量，经过蒸汽蒸软之后，通过模具进行压制。压制的方式既有使用机器的，也有人工压制的，两者的压力不同，压成的茶饼的松紧程度就不同，也会在后续影响茶叶品质的转化。

烘房干燥：水蒸气蒸压使茶饼的含水量上升，在完成蒸压后，要将茶饼进行退压和退潮。传统的做法是放置茶饼在通风处自然失水，干燥到成品标准含水量，时间一般长达5～8天，多则10天以上，效率较低，还可能由于天气条件不合适造成品质的受损，现许多地区已改用烘房干燥。烘房干燥是利用管道将锅炉蒸汽余热通向干燥室，室内设烘架，下面排列加温管道以提升烘房的温度。

检验包装：经过干燥的成品茶，要进行抽样，检验水分、单位重量、灰分、含梗量等，并对品质进行审评。完成审评后，给茶饼进行棉纸的包装和外部笋壳的包装。

1. 有一些普洱生茶在审评叶底时会出现红变的叶片，这可能是由加工的哪些环节所导致的？

2. 新完成加工的普洱生茶呈现叶底红变的现象时茶叶的香气和滋味是怎样的特征？对于普洱茶后续的转化是否是利好影响？

原料对普洱茶的一些影响

普洱茶产地和区域范围，近年来一直是茶界和爱茶人士关注的热点。这部分内容除了相关标准的规定外，也有部分学者进行了专著的论述，故不在本书的讨论范围。此处希望就适制普洱茶的一些茶树品种进行讨论。

云南是茶树的原产地之一，拥有丰富的古茶树资源，为普洱茶的产生和发展提供了重要的物质基础。由于生态的多样性以及长期的有性繁殖，云南适制普洱茶的茶树品种基本为有性系、乔木型的大叶类型，在分类上属于大理茶、厚轴茶、大厂茶、普洱茶变种和白毛茶变种。云南大叶种茶树之所以是普洱茶品质的构成要素，原因在于其所含有的茶多酚、氨基酸、咖啡碱和水浸出物都高于一般中小叶种茶树。另外，芽叶肥壮多茸毛者也较为适合制作普洱茶，再有就是云南大叶种群的品种多样性。下面将列举部分适合加工普洱生茶的茶树品种。

勐海大叶种：乔木型，大叶类，芽叶肥壮，黄绿色，茸毛多，叶长椭圆形，叶色绿，叶肉厚而软，叶面隆起，革质。春茶一芽二叶含氨基酸2.30%，茶多酚32.80%，儿茶素总量18.20%，咖啡碱4.10%。

勐库大叶种：乔木型，大叶类，叶色绿，密披茸毛，叶长椭圆形，叶尖急尖，叶色深，叶肉厚而软，革质，叶缘平，锯齿钝浅稀，发芽早，易采摘。春茶一芽二叶含氨基酸1.66%，茶多酚33.76%，儿茶素总量18.20%，咖啡碱4.06%。

易武绿芽茶：乔木型，大叶类，芽叶较肥壮，绿带微紫色，茸毛多。春茶一芽二叶含氨基酸2.90%，茶多酚31.00%，儿茶素总量24.80%，咖啡碱5.10%。

元江糯茶：椭圆形，叶尖钝尖，叶色黄绿，叶肉厚而软，叶缘平，锯齿粗而浅，主脉黄色明显，革质，单叶对生。小乔木，大叶类，芽叶肥壮，叶黄绿色，茸毛特多。春茶一芽二叶含氨基酸3.40%，茶多酚33.20%，咖啡碱4.90%。

凤庆大叶种：乔木型，大叶类，早生种，叶椭圆形，叶色绿，富光泽，叶面隆起，叶齿稀浅，叶质厚软。芽叶较肥壮，茸毛特多。一芽二叶含氨基酸2.90%，茶多酚30.19%，儿茶素总量13.40%，咖啡碱3.20%。

云南境内大茶树的特征：普洱茶的品质与其产区内丰富的茶树资源有着密切的关系。在经过几代科研工作者的努力后，在云南勐海建立了国家级大叶种种质资源圃，并对云南境内的茶树资源进行了梳理和研究。云南大茶树包括野生大茶树和栽培型大茶树。野生大茶树的主要特征是：乔木或小乔木型，树姿较直立，嫩枝无毛或少毛，叶片硕大，叶面平或微隆起，叶缘有稀钝齿。栽培型茶树的主要特征是：以灌木或小乔木型居多，树姿多开张或半开张，嫩枝多见有毛，叶革质或膜质，叶面平或隆起，叶缘有细锐齿。

要形成普洱茶甘、滑、醇、厚的品质特征，茶树的品种极为关键，茶树品种中内含物质的含量和组分会影响普洱茶的品质，树龄不同、生长区域不同的茶树在这些方面也表现出差异，因此有学者对具有一定树龄的老树茶和台地茶的品质进行了对比研究。

梁名志等在《老树茶与台地茶品质比较研究》一文中谈道：老树茶采制于百年以上的古茶园，古老茶园中的茶树病虫不会发生灾害性、突发性的危害，不需用药防治，也不进行修剪、中耕施肥等管理。台地茶是指采制于新中国成立后发展建立的密植条栽茶园，该类茶园突出的是"集中连片、高产"，事先未考虑搭建"和谐的林茶草生态系统"，伴随的是"喷药施肥、中耕修剪"。今后目标是将之发展建设成为"有机茶园"、"无公害茶园"。

在对老树茶和台地茶的感官评价对比中得出的结论是：老树茶的茶气更足，滋味协调、味厚回甘好，叶底薄大而柔软；而台地茶滋味欠协调、味薄、生津回甘较差，叶底较硬。从理化成分与矿物质含量来看，老树茶与台地茶各有千秋，老树茶的茶多酚、儿茶素、总糖、寡糖和铁、铜、锰微量元素含量较台地茶的高，而台地茶在灰分、水浸出物、氨基酸、多糖、黄酮及硼、锌、硫、磷、钾、钙、镁的含量上则高于老树茶。

鲍晓华在《普洱茶贮藏年限的品质变化及种类差异研究》一文中对同一年份，来自台地茶、栽培型大茶树和野生大茶树的原料制成的普洱生茶饼进行了感官审评和内含成分的测定。研究发现：①栽培型大茶树的条索肥壮，野生大茶树的条索更加雄壮，这两者都带有地域香，而野生大茶树的香气更偏向花香；②栽培型大茶树的内含物茶多酚和咖啡碱明显比另外两种高，故口感上表现为更苦涩，野生大茶树的氨基酸和可溶性糖含量比另外两者高，茶汤的协调性更好；③三者儿茶素总量的对比中，栽培型大茶树的含量最高，野生大茶树含量最低，特别是EGCG的含量差异更加显著。这些或许可以解释野生大茶树制成的成品茶口感不容易苦涩、回甘明显、茶气足等现象。

但值得注意的是，上述三种原料既有品种、树龄的区别，也存在着茶园海拔高度、生态条件、茶园管理方式的区别，不能把品种和树龄看作导致品质差异的唯一原因。

综合上述资料，可以看出坊间常常谈及的老树茶和台地茶的品质区别并非简单的树龄大小的差异，与茶园环境、生态条件、栽培方式以及品种的不同都有关联，这一点和其他茶区优质茶品的造就原因并无二致。同时，上述研究结论也可以对当前普洱茶"唯树龄论""唯山头论"等起到一定扭偏的作用。

1. 云南适制普洱茶的主要栽培品种有哪些？

2. 构成普洱茶原料品质区别的原因主要有哪些？

贮藏过程对普洱茶品质的影响

贮藏过程与普洱茶色泽：随着贮藏时间的延长，普洱茶的干茶、汤色和叶底都会加深。鲍晓华在《普洱茶贮藏年限的品质变化及种类差异研究》一文中对贮藏年份在1～6年的不同产地的普洱茶饼进行了感官审评和内质分析。结果发现：干茶样品从微黑绿色变至微淡棕褐，茶汤的颜色从黄带绿转变为浅棕色。

华南农业大学的罗现均在对不同贮藏年份的普洱茶进行比较研究后发现，生产年份跨度从1976到2010年的16个普洱茶样品表现出的感官审评结果是：干茶的颜色从青绿到墨绿直至褐红色，茶汤的颜色从绿黄到橙黄直至红浓逐渐变化。十年内的普洱茶茶汤有明显冷后浑现象，但是更老的茶则冷后浑现象不明显或者没有冷后浑。

贮藏过程与普洱茶香气：在贮藏期间普洱茶香气变化的研究中，张文彦等人主要针对普洱生茶在25℃贮藏3个月与8个月的香气成分变化，以及(35±1)℃条件下贮藏3个月与8个月所产生的香气成分种类和含量变化进行了研究。在25℃贮藏8个月和35℃贮藏3个月与8个月后，同时检出15种新出现的香气成分。其主要是具有紫罗兰香的β-紫罗兰酮环氧化物，具有茉莉花香的茉莉酮、邻苯二甲酸二辛酯、苯酚衍生物。由此可知，随着温度的升高，呈香物质变化显著，说明温度的升高，加速了陈化。普洱生茶的香味随着贮藏时间的延长能向接近熟茶的风味转化，既具有生茶的香气、韵味，又具有独特的陈香以及其他特殊香气，成就了普洱茶独特的品质。

鲍晓华对比的贮藏期1～6年的普洱茶的香气变化，分别是：从微有日晒气转变为微陈香，但是栽培型大茶树和野生型大茶树的香气仍然保留有地域或品种的特殊风格。

在罗现均的实验中，时间跨度从1976到2010年的普洱茶的香气转变则是：随着贮藏时间的加长，普洱茶的香气从新鲜刺激的清香逐步转化为优雅饱满而较低沉的香型，烟杂异味减少，20年以上的老茶药香明显。

贮藏过程与普洱茶滋味：为了模拟现实当中普洱茶存放温度和时间的场景，四川农业大学的汪杨通过人工气候箱设定在常温、25℃、35℃、45℃条件下，对普

洱生茶存放30天、75天、120天、180天、240天后进行各项指标的测定。结果发现：普洱生茶随着贮藏时间的延长，可溶性糖的含量下降，儿茶素含量也随着贮藏期的延长而下降。常温条件下，随着时间的延长，普洱生茶的滋味变得醇和回甘。

鲍晓华在针对三种不同茶树类型的普洱茶贮藏期分别为1~6年的变化中发现：普洱茶的滋味从青涩转变为微苦涩到浓醇或浓厚、滑顺。时间的维度上表现为苦涩感的下降，但是同样年份的茶则有品种的特征区别。

罗现均做了对比实验后认为：普洱茶贮藏时间加长，滋味从较重的苦涩味逐渐减轻直至苦涩味很弱，从刺激性很强而鲜浓的味感变得醇滑甜润而适口性好。但同时也发现，在20世纪80年代的茶样中，虽然滋味醇和，但是有个别茶样出现异杂味，说明贮藏期的加长，品质出现劣变的风险也在加大。

在对不同年份普洱茶的内含成分进行的检测中发现：①在较长的转化周期内，贮藏时间增加，茶多酚含量显著下降；②随着贮藏时间的加长，茶黄素、茶红素的含量有上升至下降的过程，茶褐素的含量上升，带来了刺激性减弱的口感。

但是，在对普洱茶抗氧化性的研究中发现，随着贮藏时间的延长，普洱茶的茶多酚减少，抗氧化性减弱，同时贮藏的时间越长也会无形中增加品质劣变的风险，因此普洱茶的存放并非绝对的"越陈越好"。

●陈年普洱茶

普洱茶的审评实验设计

实验一　同一年份不同产地的普洱生茶的审评

1. 实验的目的

掌握普洱茶的评茶方法，初步了解产地不同所带来的品质差异。

2. 实验的内容

根据国家标准对普洱生茶进行感官审评，注意开茶的方式，以及不同产地带来的品质差异。

3. 主要仪器设备和材料

不同产地的普洱生饼（审评教学样），普洱刀，样盘、250mL标准审评杯碗、汤勺、天平、计时器、叶底盘、吐茶桶、记录纸等茶叶感官审评全套设备。

4. 操作方法与实验步骤

外形审评：布袋包压型：审评形状是否端正，是否起层落面，边缘是否圆滑、有否脱落。模压型：审评形态是否端正、棱角（边缘）是否分明、厚薄是否一致，模纹是否清晰，起层是否落面。

观察茶叶色泽的深浅、润枯、明暗、鲜陈、匀杂。看表面是否匀整、光滑，洒面是否均匀。看压制的松紧是否适度。

内质审评：将审评茶样解散，取样时应注意从里外不同的五个点取样并混合均匀，称取5g茶样，置于250mL审评杯中，注入沸水至杯满，冲泡5分钟，将茶汤沥入评茶碗中，依次看汤色，嗅香气，尝滋味，看叶底。

汤色注意明亮或浑浊。

香气判断纯异和高低，是否具有特殊的品种香气或地域香，冷嗅判断持久性。

滋味判断浓淡和回甘，特别是入喉之后口腔松弛的快慢，以及回甘时是否具

有品种风味或地域风味。假如单次冲泡无法呈现明显区别，可再次冲泡5分钟，重复上述流程。

看叶底时将杯中的茶渣移入叶底盘中，审评其色泽、形状，观察叶片的柔软程度、厚度和弹性。

5. 实验数据记录和处理

根据不同产地的普洱生茶的审评结果撰写评语，填写审评报告单，注意不同产地茶叶品质不同和使用术语的差别。

思考

如何从审评结果中分析出不同产地普洱茶的适合冲泡方案？

实验二　不同贮藏年限的普洱茶的审评

1. 实验的目的

体验不同贮藏年限条件下，普洱茶所发生的变化。

2. 实验的内容

根据国家标准对不同贮藏年限的普洱生茶进行感官审评，注意年限不同、贮藏条件的差异以及品质的差异。

3. 主要仪器设备和材料

不同贮藏年限的普洱生饼（审评教学样视教学条件而定），普洱刀，样盘、250mL标准审评杯碗、汤勺、天平、计时器、叶底盘、吐茶桶、记录纸等茶叶感官审评全套设备。

4. 操作方法与实验步骤

外形审评：布袋包压型：审评形状是否端正，是否起层落面，边缘是否圆滑、有否脱落。模压型：审评形态是否端正、棱角（边缘）是否分明、厚薄是否一致，模纹是否清晰，是否起层落面。

观察茶叶色泽的深浅、润枯、明暗、鲜陈、匀杂。看表面是否匀整、光滑，洒面是否均匀。看压制的松紧是否适度。特别注意外观色泽的深浅明暗区别以及是否存在霉变或吸附异味。

内质审评：将审评茶样解散，取样时应注意从里外不同的五个点取样并混合均匀，称取5g茶样，置于250mL审评杯中，注入沸水至杯满，快速洗茶并倒尽茶汤。再次注入沸水冲泡5分钟，将茶汤沥入评茶碗中，依次看汤色、嗅香气、尝滋味、看叶底。

汤色注意明亮或浑浊，不同年限之间是否存在深浅变化规律。注意茶汤的清澈程度，是否有冷后浑的现象出现。

香气判断纯异和高低，是否具有陈化后的香气，冷嗅时是否具有品种特征。以具有陈香、香气深沉持久为好，以淡薄、粗老为差，如有霉气、异味则为劣变茶。

滋味判断纯异、浓淡和回甘，是否已经具备陈化后的醇厚特征以及回甘。假如单次冲泡无法呈现明显区别，可再次冲泡5分钟，重复上述流程。以醇厚回甘，有陈香陈韵为好，以苦涩、平淡、带烟味为差，如有霉味、异味则为劣变茶。

看叶底时将杯中的茶渣移入叶底盘中，审评其色泽明暗、形状，观察叶片的柔软程度、厚度和弹性。

5. 实验数据记录和处理

根据不同贮藏年限的普洱生茶的审评结果撰写术语，填写审评报告单，注意贮藏条件的区别（诸如温湿度、经纬度等），茶叶品质不同使用术语的差别。

6. 实验结果与分析

对于不同贮藏年限的普洱茶表现出结果的不同，从贮藏环境、年限、原料、工艺等角度进行分析，尽量避免根据单一因素作出判断。

 思考

普洱茶是否"越陈越好"？

普洱茶的品鉴——不同类型普洱茶的冲泡方案

冲泡体验一

茶名：冰岛生普（一年陈）（产地：云南勐库）。

用水：恒大冰泉。

冲泡器皿组合：朱泥壶、银质公道盅、德化窑神兽纹爵形杯，宋式梅瓶，茶水比1：30。

时间：立春（西园梅放立春先，冰岛如冰似雾若梅）。

冲泡流程：普洱茶饼拆分备用，沸水烫洗朱泥壶、银公道、爵形杯，置茶于壶，沸水浸润洗茶，第一泡弃之不用，沸水注入公道稍凉汤备用，待茶浸润充分，以公道注水入壶至八分满，静置十余秒出汤，以银公道分汤至品茗杯。

品鉴：冰岛茶汤细腻，汤中蕴香，香中带甜，甜后有清凉，直如寒梅甘露。朱泥壶包浆润泽，形制清雅，有文人之气。稍显致密的材质利于发冰岛之幽香。银质公道取其软水之利，竹丝编结外套防止烫手，亦能遮掩金银奢华之气。爵形杯形制古雅，"中国白"温润含蓄，盛蓄甘露之时，瑞鹤灵芝似随雪涛而动。若能有梅枝一段，新蕊数朵则更添清雅。

●冰岛冲泡方案

冲泡体验二

茶名：勐海生普（二十年陈）（产地：云南勐海）。

用水：农夫山泉。

冲泡器皿组合：炭炉、煮水砂铫、朱泥水平壶、定白僧帽公道、白瓷山水纹小杯，茶水比1∶40。

时间：大寒（爆竹辞旧，一岁一枯荣）。

冲泡流程：茶饼提前拆分醒茶，沸水烫洗朱泥壶、公道、小杯，置茶于朱泥壶，沸水注入浸润茶叶，第一道润茶弃汤，开盖散其杂味，沸水注满茶壶，刮沫加盖沸水淋壶，出汤于公道，偶有碎茶沉淀后，分汤入小杯。

品鉴：生普陈放二十年较之新茶有质的飞跃，醒茶润茶皆为去其杂味，朱泥老壶茶汤最酽，僧帽公道断水爽快，兼有禅定之意，岁在辞旧，陈年普洱茶韵生生不息。

●陈年生普冲泡方案

第九章

再加工茶的
审评与品鉴

茉莉龙珠

　　初加工茶经过再加工而成的成品茶称为再加工茶，如花茶、紧压茶、速溶茶、袋泡茶等。这类茶均有其独特的工艺要求，因此审评的方法也有所不同。本书在黑茶和普洱茶的章节曾谈及相关的紧压茶，鉴于紧压茶以这些原料居多，故本章不再讨论紧压茶的审评，只讨论花茶、速溶茶和袋泡茶的审评相关知识，其中花茶由于消费量大，历史悠久，是本章讨论的重点内容。

中国花茶的分类与特征

花茶也叫熏花茶，或者香片。窨制花茶的常用香花有茉莉花、白兰、珠兰、玳玳花，还有柚子花、栀子花、桂花、玫瑰花等。香花不同，表现的芳香气息也有不同的特征，窨制的茶坯也有不同的类型。一般窨制花茶时，需要根据茶类的特征以及香花的表现气质加以区分，一般绿茶适合窨制茉莉、珠兰、白兰、玳玳花，红茶适合窨玫瑰花，乌龙茶适合桂花、树兰等。

在我国，花茶的历史悠久。宋代初期就有在绿茶中加入龙脑香，进贡帝王作为珍贵的饮品的历史。宋代赵希鹄著《调燮类编》书中，对花茶所用香花品种和窨花方法，已经有了详细的记载。明代顾元庆《茶谱》中有用橙皮窨茶和莲花含窨的记述。

花茶的芳香是香花内含的芳香精油、芳香物质挥发出来的，给人一种馥郁芬芳的感觉。茶用香花的种类，根据芳香精油挥发的特性来分，大体可分为气质花和体质花两类。

●茉莉花蕾

气质花其芳香精油是以苷类[1]的形态存在于花中的，随着花蕾的成熟、开放，经过酶的催化，其氧化和糖苷水解成芳香油和葡萄糖，葡萄糖氧化分解成水和二氧化碳，并放出热量，促进芳香精油的形成和挥发。茉莉花就属于气质花，茉莉花的芳香精油随花朵的成熟开放而逐渐分解挥发。

茉莉窨制的花茶中以烘青茶坯为大宗，其他还有茉莉针王、茉莉龙珠、茉莉等，主要根据茶坯的嫩度不同而有所区别。茶坯的选料不同，窨制时使用的茉莉等级也不同，窨制的次数也有所区别。

茉莉的花期较长，全年分为三期：第一期自小满后数天起到夏至，这段时期所开的花叫"春花"。这期花身骨轻而软，香气欠高，花量不多，品质较差。第二期自小暑至处暑，这段时间正值伏天，因此叫"伏花"。由于天气炎热，少雨，花重香高，质量最好，产量也高。第三期自白露至秋分，所产之花称为"秋花"，产量和品质均次于"伏花"。

当前在我国生产茉莉花茶的地区主要有江苏苏州、浙江金华、福建福州、广西横县和云南部分地区。其中以广西横县的茉莉花生产基地面积最大，产量最高，成为我国茉莉花茶的主要生产地，而江苏苏州和福建福州则由于具有高超的窨花技术，其产品代表了茉莉花茶行业的较高水平。

体质花有白兰、珠兰、玳玳花等。其芳香精油以游离状态存在于花瓣中。芳香精油挥发与鲜花生理关系不大，影响吐香的主要是温度，温度越高，芳香物质扩散的速度越快，挥发也越快。白兰花在窨制时就采取切轧或折瓣，使芳香物质挥发出来，因此是采取边轧边窨的技术措施，让茶坯吸附花香。玳玳花则是采取加温热窨，在较高温度下，芳香精油才能挥发。

白兰花茶：是除茉莉花茶之外的又一大宗产品。白兰花香气浓烈持久，白兰花茶主要的产地有广州、福州、苏州、金华、成都等地。其中白兰烘青是主要的产品，特征是外形条索紧实，色泽黄绿尚润，香气浓烈持久，滋味浓厚尚醇，汤色黄绿明亮，叶底嫩尚匀、黄绿明亮。

珠兰花茶：珠兰又名珍珠兰、鱼子兰、茶兰，产于我国南部，多为栽培。安徽、江苏、福建、广东、广西、云南、台湾等地有广泛栽培。珠兰花香气清幽细

---

[1] 苷，又称配糖体或甙类，是由糖或糖的衍生物（如糖醛酸）的半缩醛羟基与另一非糖物质中的羟基以缩醛键（苷键）脱水缩合而成的环状缩醛衍生物。水解后能生成糖与非糖化合物，非糖部分称为苷元。

腻、持久，主要用于窨制花茶，制成的花茶幽香持久，耐贮藏。在我国安徽歙县、福建漳州、广东广州、四川成都都有少量生产。珠兰花茶香气清幽隽永，滋味醇爽，根据所采用的原料分成珠兰烘青、珠兰大方、兰韵甘露等。

桂花茶：桂花主要产于广西桂林、湖北咸宁、四川成都、浙江杭州、重庆等地，根据所窨制的原料不同可分为桂花烘青、桂花乌龙、桂花龙井、桂花红碎茶。桂花茶香气浓郁而甜润、持久。

玫瑰花茶：玫瑰花又名湖花、笔头花，在我国中部、北部均有栽培，现以山东、江苏、浙江、广东为多。玫瑰花茶的产品主要有玫瑰红茶、玫瑰绿茶，成品茶的特点为香气浓郁、甜香柔和，滋味甘美、口鼻清新。玫瑰红茶较为多见，其条索较细紧、有锋苗，可见玫瑰花瓣；内质汤色红明亮，有明显的玫瑰花香，也能闻出红茶茶香，滋味甘醇爽口，叶底嫩较匀、红明亮。

●桂花

花茶的窨制工艺对品质的影响

花茶由于鲜花的种类以及吐香的机理不同，茶坯的类型不同，无法用一套固定的工序说明所有花茶的窨制工艺。就花茶整体而言，在窨制工序中需要重点关注的是茶坯的吸附规律以及鲜花的吐香规律，窨制的各个环节也是围绕这两种规律而有序进行的。

茶坯的品质：茶坯是花茶窨制的原料之一，茶坯的品质以及与香花之间适合与否直接影响了花茶的品质等级。窨制花茶，无论采用哪个茶类的茶叶，都不宜用毛茶直接窨花，必须通过精加工，方能作为窨制茶坯。因为毛茶成分混杂，形态大小、粗细、长短不一，外形不美观，而且规格不均匀的情况下也不能很好地吸收花香，所以制花茶需要使用经过精制的茶叶，以保证窨花的效果。另外，毛茶条索直曲不一，大小不同，窨花后的花渣不容易分离出来。再有就是毛茶的含水量高，这也会影响茶叶的吸香效率。

茶叶是一种组织结构疏松而多孔的物质，从表面到内部有许多毛细管孔隙，构成各种孔隙和孔浅的表面。茶叶表面的各种多孔隙管道内壁的表面积总和加起来比肉眼直观所看到的茶叶表面面积大许多倍，这决定了茶叶具有较强的吸附性。

但是，茶叶的孔隙大小不一致，分布也不均匀，孔隙率和孔隙状态取决于叶质老嫩和茶叶种类。叶质嫩的，表面气孔和内部孔隙多而小，吸附能力强；叶质老的，表面气孔和内部孔隙少而大，吸附能力弱。细嫩茶坯吸附能力强，则窨制时配花量要多加，吸附作用慢，窨制的时间要延长。粗老茶坯相反，吸附能力弱，配花量要减少，吸附作用快，窨制的时间要缩短。

茶坯处理：花茶窨制前，要对茶坯进行适当的处理，包括茶坯的复火和茶坯的冷却，目的是使茶坯达到一定的干度和坯温，以便在窨花过程中促进鲜花吐香和增强茶坯吸香能力。

茶坯复火：茶坯的干燥程度会影响其吸附香气的能力，即茶坯含水量高则吸附能力就小。一般在窨花前对茶坯的复火要秉持"高温、快速、安全"的原则，使茶坯充分干燥，又避免产生老火或者焦茶。茶坯的含水量最好控制在4%～5%。

茶坯冷却：茶坯复火后，坯温高达89～90℃，须经过冷却才能窨花，否则，温

度高，鲜花容易受损，影响鲜花吐香及花茶香气鲜灵度等。但是，对于窨制前茶坯温度的掌握，需要根据鲜花性质、窨制季节、配花数量的不同而灵活调整。鲜花和茶坯混合后，会由于呼吸作用产生呼吸热，热量容易聚积在茶坯中不易散发。

鲜花的性质不同，有些是在升温的状态下吐香，则茶坯的温度就需要掌握得高一些，比如玫瑰花、玳玳花，有些甚至还需要加温热窨。有些鲜花是根据生命状态而吐香，茶坯的温度就不宜过高，比如一般窨制柚子花茶只需21～25℃，茉莉花茶需30～33℃，桂花茶需要30～34℃。

鲜花处理：鲜花采摘入厂后，需要做好鲜花的维护工作，以求保持鲜花的质量。虽然各种鲜花的性质不同，但通体而言，鲜花处理的原则如下：

（1）尽量减少鲜花的外力损伤，保持鲜花的新鲜度。

（2）使鲜花的水分蒸发作用尽量放缓，因为鲜花失水过快，会导致鲜花的萎蔫，香气容易散失，甚至花瓣会变红。

（3）使鲜花处于通风状态下，防止鲜花腐败变质，但是切忌放在风口，否则会引来花香损失。

（4）对于需要在一定温度下才开花吐香的鲜花，需要控制温度，促进鲜花开放吐香。

以茉莉花为例，鲜花在采摘入厂经过养护后，选择开放度一致的鲜花，去掉叶片、杂质并对茉莉花进行适度的筛花，以便更好地窨制花茶。筛动茉莉花不仅可以去掉部分杂质，得到良好的净度，也能够调动鲜花的活性，更好地在窨制过程中吐香。

●经过筛动的茉莉花蕾

窨花拼和：把鲜花与茶坯均匀拌和堆积，叫作窨花拼和，是窨制花茶品质好坏的关键性工序。窨花的过程中，配花量、拼和方法、窨制时间的掌握都会影响到成品茶的品质。以茉莉花茶为例，有些生产实践中会在窨制茉莉花之前，先用白兰花打底，使茶坯具有一定的香气浓度。白兰花的使用要适量，假如白兰花用多了，则白兰花味显露，香气容易粗而青，评茶术语称为"透兰"。

假如在窨花的过程中，配花量不适当，下花量过少，则花香不显，茶的气味显露，在评茶的术语中称之为"透素"。这并非意味着茶的香气不佳，而是由于下花量不足，花香淡薄，无法和茶的滋味协调起来，也是工艺不当的表现。

通花散热：把在窨的茶坯翻堆通气，薄摊降温，叫通花散热。窨花时由于鲜花呼吸作用产生的热量不能充分散发，茶坯在吸收花香的同时也吸收了大量水分，构成了适宜自动氧化的条件，坯温不断上升。这时温度的升高，将加速茶坯内含物的转化，加深茶汤和叶底的色泽，同时影响鲜花吐香，降低花茶的品质。在窨制的适当时间，要及时通花散热，充分供给新鲜空气，使处于萎缩状态的鲜花恢复生机继续吐香，提高香气的鲜灵度。通花散热的作用还在于散发窨堆内的水闷气，防止鲜花和茶坯变质。通花散热及时的话，成品茶的香气和滋味里会较少出现水闷气味。

通花如果不及时，茶坯中可能出现不良气味，茶叶吸附之后，在成品茶的内质中会体现出来。

起花去渣：窨花一定时间后，花的香气大部分被茶坯吸收，而花已经萎缩，这时需要及时起花，防止影响花茶的品质，筛出花渣，称之为起花去渣。也有一些花茶是可以把花渣保留在茶叶内，没有不良影响，如珠兰花茶，花渣就是随着茶叶一起复火。起花去渣要做到的就是"快""净"。

复火干燥：窨制过的茶坯进行复火干燥是为了把吸收的水分散发，这一过程需要掌握的原则与茶坯处理的原则一致，即"高温""快速""安全"。对于多次窨制的花茶来说，每次复火后茶坯的含水量应该比窨制前略增加0.5%～1%，主要是防止受热时间过长，香气损耗太大。

 思考

1. 花茶的鲜花和茶坯之间的品质风格应该是怎样的协调关系？
2. 如何看待目前市场中花茶的定位？

再加工茶的审评实验设计

实验一　不同香花窨制花茶的审评

1. 实验的目的

掌握花茶的评茶方法，了解不同香花窨制花茶的特征。

2. 实验的内容

根据国家标准对不同香花窨制的花茶进行感官审评，感受各种花色品种花茶的特征，撰写评语。

3. 主要仪器设备和材料

不同香花窨制的花茶（教学样），茶叶样罐、样盘、镊子、150mL通用型审评杯、碗、汤勺、口杯、天平、计时器、叶底盘、吐茶桶、记录纸等茶叶感官审评全套设备。

4. 操作方法与实验步骤

外形审评：将样罐中的茶叶倒入样盘中，看茶叶外形特征，根据茶坯所属茶类进行外形审评；从上段茶、中段茶、下段茶三个层次审看外形，评比条索、色泽、嫩度和匀整性，窨花后的条索比素坯略松，色稍带黄属正常。

内质审评：花茶内质审评目前采用"单杯审评法"和"双杯审评法"两种方法。

（1）单杯审评法。又称"通用审评法"，根据冲泡的次数可分为一次冲泡法和二（多）次冲泡法。

①单杯一次冲泡法。取10g左右的茶样置茶样盘中，用镊子捡净花渣，因为花渣中含有较多的花青素，使茶汤略带苦涩，影响审评结果。称取茶样3.0g，用150mL审评杯、碗。沸水冲泡5分钟，将茶汤倒入审评碗中，开汤后速看汤色，接着热嗅香气，审评鲜灵度，然后尝滋味，刚入口时评滋味鲜爽性，有花香味且爽口是品质优良的表现，在舌面上打滚时评浓醇度。温嗅香气评香型与浓度，冷嗅香气

评持久性，最后将评过香气的叶底全部倒入白色搪瓷漂盘评叶底。

②单杯二（多）次冲泡法。即一杯茶样分2次或2次以上冲泡。取样方法同上，准确称取茶样3.0g，用150mL审评杯、碗。沸水冲泡3分钟后将茶汤倒入审评碗中，评香气滋味的鲜灵度和滋味的鲜爽性。再用沸水冲泡，第二次冲泡5分钟后将茶汤倒入审评碗中，评香气和滋味的浓度。对于多窨次的花茶可冲泡3次以上，从第二次开始，每次冲泡5分钟。最后将评过香气的叶底全部倒入白色搪瓷漂盘评叶底。这种方法准确性较一次冲泡法好，但操作麻烦，时间长，且汤色、滋味与5分钟一次冲泡稍有差别。

（2）双杯审评法

取15g左右的茶样置茶样盘中，用镊子捡净花渣。然后准确称取茶样3.0g（双份），分别置于两个150mL的标准审评杯中，其中一份（杯）专用于审评香气，另一份（杯）专供审评汤色、滋味、叶底。

用于评香气茶杯分2次冲泡，第一次用沸水冲泡3分钟后将茶汤倒出，审评香气的鲜灵度。第二次冲泡5分钟后将茶汤倒出，审评香气浓度和纯度。用于审评汤色、滋味、叶底的茶杯冲泡一次，用沸水冲泡时间5分钟后将茶汤倒出，审评茶汤的色泽、滋味的醇涩、鲜滞，最后把叶底倒出，审评嫩度、匀度和色泽。双杯审评法较单杯审评法更易掌握，往往在茶样品质差异小或审评意见不一致时采用。但此法操作烦琐、花费时间较长。

5. 实验数据记录和处理

表9-1 花茶品质因子审评系数

单位：%

茶类	外形	汤色	香气	滋味	叶底
花茶	25	10	25	30	10

 思考

1. 单杯审评法和双杯审评法各自使用的范围是什么？

2. 审评中低档花茶和审评特种花茶分别应该注意哪些事项？

实验二　速溶茶的审评

1. 实验的目的

掌握速溶茶评茶方法，了解不同类型速溶茶的品质特征。

2. 实验的内容

根据国家标准对纯茶速溶茶和调味速溶茶进行审评，采用冷溶法和热溶法两种方式，根据审评结果撰写评语。

3. 主要仪器设备和材料

审评教学样（纯茶速溶茶和调味速溶茶），干燥无色透明的玻璃杯、汤勺、口杯、天平、计时器、叶底盘、吐茶桶、记录纸等茶叶感官审评设备。

4. 操作方法与实验步骤

外形审评：速溶茶的外形主要比形状和色泽。形状有颗粒状、碎片状和粉末状。主要看外形的颗粒大小、匀齐度和疏松度。颗粒状要求大小均匀，互不黏结，装入容器内具有流动性。碎片状要求片薄而卷曲，不重叠。色泽要求速溶红茶为红黄、红棕或红褐色，速溶绿茶呈黄绿色或黄色，要鲜活有光泽。

内质审评：迅速称取0.75g速溶茶两份（按照制率25%，相当于3.0g干茶），置于干燥、无色透明的玻璃杯中，分别用150mL冷开水（15℃左右）和沸水冲泡，审评速溶性、汤色和香味。

速溶性是指在15～20℃条件下速溶茶的溶解特性，溶于10℃以下者称为冷溶速溶茶；溶于40～60℃者称为热溶速溶茶。

溶解后无浮面、沉淀现象者为速溶性好，可作冷饮用；颗粒悬浮或呈块状沉结于杯底者为冷溶性差，只能作为热饮用。

汤色冷泡要求清澈，速溶红茶红亮或深红明亮，速溶绿茶要求黄绿明亮；热泡要求清澈透亮，速溶红茶红艳，速溶绿茶黄绿或黄而鲜艳，汤色深暗、浅亮或浑浊的都不符合要求。

香味要求具有原茶风格，有鲜爽感，香味正常，无酸馊气、熟汤味及其他异味。

调味速溶茶按添加剂不同而异，除调制的风味之外，还应有茶味。无论何种速溶茶，均不能有其他化学合成的香精气味。

5. 实验数据记录和处理

根据实验结果撰写报告单，特别注意不同速溶茶风格特征和评茶术语的把握。

 ## 附 花茶常用评语

花茶香气评语

鲜灵：花香鲜显而高锐，一嗅即感。

浓：花香饱满，亦指花茶的耐泡性。

纯：花香、茶香比例调匀，无其他异杂气味。

幽香：花香幽雅文静，缓慢而持久。

香浮：花香浮于表面，一嗅即逝。

透兰：茉莉花茶中透露白兰花香。

透素：花香薄弱，茶香突出。

花茶滋味评语

浓厚：味浓而不涩，纯正不淡，浓醇适口，回味清甘。

醇厚：汤味尚浓，有刺激性，回味略甘。

醇和：汤味欠浓，鲜味不足，但无粗杂味。

纯正：味淡而正常，欠鲜爽。

淡薄：味清淡而正常。

粗淡：味粗而淡薄，为低级茶的滋味。

水味：口味清淡不纯，软弱无力。干茶受潮或干度不足带有"水味"。

异味：烟、焦、酸、馊、霉等及受外来物质污染所产生的味感。

附　花茶常见的弊病及原因

外形

色泽偏黄：窨制花茶时堆温过高，或通花时间迟，或温坯堆放时间过长，或烘干温度过高。

造型松散：窨制花茶时堆放时间过长，茶坯含水量高，使茶条松开。

色泽深暗：选用的品种不合适、窨制的次数多。

汤色

黄汤：窨制花茶时堆温过高，或通花时间迟，或温坯堆放时间过长。

香气

透素：窨制时茉莉花用量少，下花量不足，或者是有足够的下花量，但通花时间过早，窨制时间不够，窨制不透，茉莉花香没有盖过茶香，透出茶香。

透兰：茉莉花香不突出，窨制时茉莉花用量少，下花量不足，而用于打底的玉兰花用量过多，使玉兰花香盖过了茉莉花香，以致透发出浓烈的玉兰花香。

闷气：窨制中通花散热不够，热闷的时间过长，或是最后没有用鲜花进行提花，或是虽有提花，但花朵不新鲜。

滋味方面

滋味淡薄：茶叶原料粗老，或是茶叶陈化不新鲜，或是茶叶过嫩不耐泡。

闷味：茶叶含水量过高，窨制中通花散热不及时，烘干温度过低。

烟焦味：烘干温度过高或漏烟。

滋味不纯正：夹杂有油墨、木材、塑料等其他异味，这是存放中包装材料污染所致。

叶底

色泽偏黄：窖制花茶时堆温过高，或通花时间迟，或温坯堆放时间过长，或烘干温度过高。

花茶的品鉴——不同类型花茶的冲泡方案

冲泡体验一

茶名：桂花龙井（产地：浙江杭州）。

用水：虎跑冷泉。

冲泡器皿组合：粉彩山水桃花瓷壶、粉彩同色系瓷质公道、山水纹小品杯，茶水比1∶40。

时间：秋分（落花时节又逢君，丹桂香满园）。

冲泡流程：沸水烫洗瓷壶、公道、小品杯备用，茶叶置茶则拣剔花渣，置茶叶于瓷壶，沸水略凉至90℃，注水浸润茶叶，轻摇瓷壶使茶叶浸润充分，将沸水注入瓷壶至九分满，加盖静置，十余秒后出汤于粉彩公道，分汤至小品杯。

品鉴：桂花甜润，龙井清醇，桂花龙井于秋分时节品赏正有"落花时节逢君"之意。龙井扁平，须浸润充分；花茶鲜灵，选粉彩瓷器瀹之，娇俏无限；山水纹小品杯小口啜饮，园中香、杯中香、齿颊香。

●桂花龙井冲泡方案

冲泡体验二

茶名：兰韵甘露（珠兰花茶）（产地：四川成都）。

用水：农夫山泉。

冲泡器皿组合：影青瓷质小水平壶、影青仿宋执壶、影青瓷带托玉兰杯，茶水比1:40。

时间：春分（昼夜平分，莺飞草长）。

冲泡流程：沸水烫洗小水平瓷壶、仿宋执壶、玉兰杯备用，置茶于茶则备用，仿宋执壶盛沸水凉汤，待水温约90℃，注水入水平壶，取茶叶以上投法加入瓷壶，加盖静置，十余秒后沥汤，以仿宋执壶充作公道之用，分汤入玉兰杯品茗。

品鉴：兰韵甘露以珍珠兰窨制蒙顶甘露而成，兰香清幽隽永，滋味鲜爽回甘，蒙顶甘露茸毛丰富，注水用力则汤浑，以上投法瀹之，汤清味醇；影青瓷深浅只在青白之间，水平壶出水爽快不滞留，仿宋执壶流长峻深而不滴沥，注汤有准，玉兰杯形修长，留香持久，亦合兰香之喻。汤瓶碗盏之间，光影参差，恰如山窗初曙，透纸黎光！

●兰韵甘露冲泡方案

闲时茶话之一

落花时节又逢君

　　落叶静美的深秋，又是一轮花茶上市的日子。在讲求精致喝茶生活的人们眼中，花茶似乎是寻常的再加工茶，是喝不到绿茶的清新雅致、乌龙的韵味无穷时退而求其次的选择。实则在中国，花茶的制作古已有之，更要紧的是制作花茶的过程，也是文人雅士彰显格调的闲情偶寄。

　　中国在宋朝就有在上等绿茶中加入龙脑香作为贡品的记载。到宋朝后期，因恐影响茶之真味，不主张用香料薰茶。蔡襄《茶录》中云："茶有真香而入贡者，微以龙脑，欲助其香，建安民间试茶皆不入香，恐夺其真……正当不用。"但是这已是中国花茶窨制的先声，也是中国花茶的始型。待到明代屠隆的《考槃余事》中

●落花时节又逢君

专门撰写了一段诸花茶的文字，不像是茶叶制作方法的介绍而更像是一种行为艺术。文中说：于日未出时，半含白莲花拨开，放细茶一撮，纳满蕊中，以麻皮略扎，令其经宿。次早摘花，倾出茶叶，用建纸包茶焙干。再如前法，以别蕊制之，不胜香美。试想：寻找了合适的花朵，再小心地放入茶叶，经一宿的吸附，再焙干，非心思细腻者不能为也，非才情纵横者不可为也。文中再论及木樨、玫瑰、栀子等皆可作茶。摘其半含半放蕊，量其茶多少，摘花为伴。花多则太香，而脱茶韵；花少则不香，而不尽美。既要花的香气，也要茶的韵味，多一分不可，少一分不能，是对香气和滋味协调执着，而非退求其次的自我敷衍。

待到清代，花茶的制作就不是文人自娱自乐的小规模赏玩了，而成为坊间成熟的工艺。据史料记载，清成丰年间，福州已有大规模茶作坊进行商品茉莉花茶生产。当时福州的长乐帮茶号生产的大生福、李祥春等窨制茉莉花茶运销华北，特别是津、京地区，走海路由福州运至天津，转口北京，深受当地市民的喜爱。也不独茉莉花茶，另有桂花茶、栀子花茶、梅花茶、兰花茶，虽是小众茶品，也在四川、广西、湖北等地各擅专场。用以窨制的香花有木本草本之分。前者如白兰、梅花、桂花、柚子花、茉莉、珠兰或栀子花，后者有兰花、杭白菊和荷花等不一而足。又按芳香精油挥发的特征分为气质花和体质花。前者随着花的开放而

●桂华秋皎洁

散发香气，花开而香尽，比如茉莉、桂花、腊梅、兰花；后者花香游离在花瓣中，花在则香存，比如珠兰、树兰、玫瑰、玳玳花，这样的花茶，初时似不十分香，但日久而弥香令人回味。

在中国人细腻的心思里，香味似乎是某种情绪的开关，它与情感一起封存于记忆，又在闻到同样气息时被打开。屈原的《九歌·湘夫人》说"桂栋兮兰橑"，宋代女词人朱淑贞有诗云："弹压西风擅众芳，十分秋色为伊忙；一枝淡贮书窗下，人与花心各自香。"人们不仅赞美这些芳香的花朵，也希望用某种方式保存那些优雅的香气。

据《陈氏香谱》记载：趁桂花才开放三四分的时候，将花摘下，用熟蜜拌润，密封在瓷罐中，深埋入地下，进行一个月的"窨香"程序。待到焚香之时，就把一朵朵窨过的桂花放在香炉中的银隔火板上，随着炭火悄熏，桂花一边吐香一边慢慢打开，待到花朵完全绽开，也即是其清芳散尽之时。这一典故虽然是制香的过程，但人们对于芳香的喜爱和保存这缕芬芳时的诗意却令人同样陶醉。

花开的时间多数短暂，芬芳的时刻也就弥足珍贵，留住芳香的同时留住美好的回忆，所以人们用了蜂蜜来制香，用茶叶来吸附花的香气，经历了时空的距离，待到再次闻到花香，品尝协调的滋味时，心中涌起的或许就是曾经的美好。

闲时茶话之二

茉莉珠花和东方趣味

少时读书对沈复所写的《浮生六记》倾慕不已，其中沈氏夫妇有一段关于茉莉和佛手的对话印象尤其深刻。

《浮生六记》第一卷《闺房记乐》：觉其鬓边茉莉浓香扑鼻，因拍其背，以他词解之曰："想古人以茉莉形色如珠，故供助妆压鬓，不知此花必沾油头粉面之气，其香更可爱，所供佛手当退三舍矣。"芸乃止，笑曰："佛手乃香中君子，只在有意无意间；茉莉是香中小人，故须借人之势，其香也如胁肩谄笑。"余曰："卿何远君子而近小人？"芸曰："我笑君子爱小人耳。"

沈复和妻子芸娘感情笃厚，时常有谈词赋诗、评古论今以至于掐尖斗嘴的场景，这一段茉莉与佛手的点评就是其中之一。有人说芸娘把茉莉贬低成了"香中小

●茉莉花蕾

●远山之色

人"，使茉莉蒙了不白之冤，在我看来却非如此。

芸娘鬓间簪了茉莉作珠花，茉莉色白如珠，谈笑间浓香扑鼻，沈复正是看了可爱才会有拍其背的举动，而后以佛手茉莉解释云云，正是书生掉书袋显露学问之意。芸娘说佛手是香中君子，香在有意无意间，谈论佛手之言浅，打趣夫君之意深。试想，一个簪花佳人，浅笑盈盈着说"笑君子爱小人"，不正是向君子在撒娇吗？李后主有词云"烂嚼红绒，笑向檀郎唾"，若非情深，又怎会有亲昵顽皮的举动？君子端方，如佛手一般行止有矩，在妻子面前则稍显迂阔，打趣一下气氛就变了活泼。芸娘又把自己比作了茉莉，胁肩谄笑，这便是芸娘对自己的调侃，实则哪里是谄笑呢？这个灵动的女子难道不是千百年来书生们最爱的人吗？

芸娘之美美在才情，美在姿态，如茉莉般馥郁，如茉莉般鲜灵。

说到茉莉之鲜灵，不得不说起茉莉花茶。寻常的花茶，若只顾了用花香掩盖了茶的缺陷，或者用花朵增加茶的份量，便只是庸脂俗粉，却不知第一等的花茶应该是茶借花香，花借茶韵，香和韵协调融洽，各自适度，共为一体。姑且不论古人曾用半开荷花窨茶的雅致，单论今天福州传统工艺的正窨茉莉花茶，也完全是得了"雅""韵"二字的。

　　传统正窨的茉莉针王的茶坯要用春茶头采的壮硕芽头制成的烘青，白毫满披，厚实饱满。使用的茉莉需要用夏季香气最浓郁的"伏花"来窨茶。花与茶接触下来，茶叶充分吸收花的香气和水分，花朵慢慢萎蔫，茶堆渐渐变热，通花散热就是为了防止茶叶沾了水闷之汽，品饮时不够爽快。茶叶的一个吐纳周期完成，就需要茶与花分离，花渣拣净之后再对茶进行烘干，烘干的时间与温度也是茶师们需要精妙拿捏的尺度，马虎不得。如此一个周期下来也只是完成了一窨，而制作讲究的茉莉针王通常要达到七次窨花，是一个周而复始的过程，一个夏季的心血就凝聚成茶与花的艺术品。

　　好的茉莉针王茶汤浅白而清澈，香气鲜灵又馥郁，这种香气并不是闻到的，而是浸润在茶汤中，让人喝了像是置身于花的海洋一般。这种滋味也与寻常的花茶不同，早春的芽头滋味鲜醇不必提，多次烘干的处理使茶汤减弱了苦涩的味道，多了醇厚的协调。花朵在得到每一轮细心呵护的吐纳之后，会给茶汤带来如冰糖甜的一种丝丝凉凉的效果，品味时像是完整的韵律，又像是动人的身段。

　　佳人也罢，花朵也好，茶也罢，这其中真正联系着的应该是具有东方趣味的感官审美吧！佳人不是美在眉目而是美在才情与姿态，回眸打趣时最是动人。花茶不是美在花香浓郁而在花香之鲜灵，灵动到让人眼前浮现鲜活的画面。茶美不是美在醇厚而是美在鲜醇之间透出丝丝清新的凉意，甘冽如山间之清泉。

　　袁宏道说过："世人所难得者唯趣。趣如山上之色，水中之味，花中之光，女中之态，虽善说者不能下一语，唯会心者知之。"这会心者是书中的芸娘，也或许就是品尝着茶汤的你！

主要参考文献

[1] 袁林颖，周正科，皮利，等. 茶叶品质等的量化识别研究进展[J]. 南方农业，2010，4(1)：80—83.

[2] 赵玉香. 感官分析机理与茶叶感官审评条件[J]. 中国茶叶加工，2001(4)：41—42.

[3] 施兆鹏. 茶叶审评与检验（第四版）[M]. 黄建安. 北京：中国农业出版社，2010.

[4] 斯通. 感官评定实践[M]. 陈中，陈志敏，译. 北京：化学工业出版社，2008.

[5] 陈健. 感官审评试验室设计的一般导则[J]. 福建茶叶，2006.

[6] 施海根. 中国名茶图谱（绿茶红茶卷）[M]. 上海：上海文化出版社，2007.

[7] 宛晓春. 茶叶生物化学（第三版）[M]. 北京：中国农业出版社，2003.

[8] 陆锦时. 茶树儿茶素含量及组成特性与品种品质的关系[J]. 西南农业学报，1994(S1)：6—12.

[9] 宛晓春，李大祥，张正竹，等. 茶叶生物化学研究进展[J]. 茶叶科学，2015(1)：1—10.

[10] 施兆鹏. 茶叶加工学[M]. 北京：中国农业出版社，1997.

[11] 张正竹，宛晓春，施兆鹏，等. 鲜茶叶摊放过程中呼吸速率、β-葡萄糖苷酶活性、游离态香气和糖苷类香气前体含量的变化[J]. 植物生理学通讯，2003，39（2）：134—136.

[12] 尹军峰，等. 摊放环境对名优绿茶鲜叶茶多酚及儿茶素组成的影响[J]. 茶叶科学，2008，28(1)：22—27.

[13] 王力，林智，等. 茶叶香气影响因子的研究进展[J]. 食品科学，2010，31（15）：293—298.

[14] 徐奕鼎，等. 不同杀青与揉捻工艺对名优绿茶品质的影响[J]. 农学学报，2014(4)：86—90.

[15] 李拥军，施兆鹏. 烘青炒青绿茶香气的对比分析[J]. 食品科学，2001，22(11)：65—67.

[16] 叶国注，江用文，等. 板栗香型绿茶香气特征成分研究[J]. 茶叶科学，2009，29(5)：385—394.

[17] 曾贞，罗军武，晏嫦妤. 国内外茶树品种的利用研究[J]. 福建茶叶，2006(2)：5—8.

[18] 须海荣，董尚胜，骆耀平，等. 茶树种质资源的主要生理特性[J]. 茶叶科学，1997(S1)：21—24.

[19] 李明，张龙杰，王开荣，等. 光照敏感型白化茶新品种"黄金芽"白化特性研究[J]. 茶叶，2008，34(2)：98—101.

[20] 黄海涛，余继忠，张伟，等. 基于芽叶表型性状的茶树品种适制性研究[J]. 浙江农业科学，2015，56(8)：1182—1184.

[21] 杨亚军，梁月荣. 中国无性系茶树品种志[M]. 上海：上海科学技术出版社，2014.

[22] 王绍梅，邹瑶. 不同茶树资源品种功能性化学成分含量比较[J]. 安徽农业科学，2012，40(10)：5834—5835.

[23] 程启坤. 茶叶品种适制性的生化指标—酚氨比[J]. 中国茶叶，1983(1)：39.

[24] 董迹芬，等. 茶叶香气与土壤条件的关系[J]. 浙江大学学报（农业与生命科学版），2013，39(3)，309—317.

[25] 魏志文，等. 红绿茶加工工艺对茶鲜叶香气和糖苷类香气前体的影响[J]. 中国茶叶，2008(3)：38—39.

[26] 邹龄盛. 工夫红茶特色产品形成的几项关键技术措施[J]. 福建茶叶，2013，35(4)：47—48.

[27] 黄藩，董春旺，高明珠，等. 工夫红茶萎凋中温度对鲜叶失水率影响的预测模型[J]. 中国农学通报，2014，30(34)：193—198.

[28] 李兰，江用文，熊兴平，等. 我国茶树种质资源地区分布及部分植物学性状分析[J]. 中国茶叶，2008，30(5)：17—20.

[29] 王秋霜，等. 中国名优红茶香气成分的比较研究[J]. 中国食品学报，2013，13（1）：195—200.

[30] 黄怀生，郑红发，赵熙，等. 茶叶香气前体物研究进展[J]. 茶叶通讯，2014，41(2)：28—30.

[31] 袁杰，翁连进，耿頔，等. 茶叶香气的影响因素[J]. 氨基酸和生物资源，

2014，36(1)：14—18.

[32] 邓西海，等. 世界主要优质红茶化学成分与产地环境研究[J]. 土壤 2008，40
(4)：672—675.

[33] 何水平，郭春芳，孙云. 茶叶有机酸的研究进展[J]. 亚热带农业研究，2015，
11(1)：63—67.

[34] 谢娇枚，罗敏燕，刘易凡，等. 陈年祁门红茶品质分析[J]. 湖南农业科学，
2012(21)：100—102.

[35] 陈宗懋. 中国茶经. 上海：上海文化出版社，1992.

[36] 黄建安，施兆鹏，施英，等. "岩韵"与"音韵"的感官体验及化学特质[C]//
团体会员会议材料. 2002.

[37] 施海根. 中国名茶图谱 乌龙茶黑茶卷. 上海：上海文化出版社，2007.

[38] 郑永球，韦锋. 关于岭头单丛茶蜜韵的商榷[J]. 广东茶业，2004(3)：10—11.

[39] 阮逸明. 台湾乌龙茶的发展及特色[J]. 中国茶叶，2005，27(3)：13—14.

[40] 廉明，吕世懂，吴远双，等. 三种不同发酵程度的台湾乌龙茶香气成分对比研
究[J]. 食品工业科技，2015，36(3)：297—302.

[41] 阮逸明. 乐活茶缘. 台北：五行图书出版社，2013.

[42] 肖鑫，郭雅玲，林瑜玲. 乌龙茶加工过程中水分对β-葡萄糖苷酶活性影响的研
究进展[J]. 食品安全质量检测学报，2014(6)：1862—1867.

[43] 郭雅玲，赖凌凌. 单丛茶滋味醇化技术的研究现状和解决途径[J]. 中国茶叶，
2015(1)：17—18.

[44] 陈郁榕. 细品福建乌龙茶. 福州：福建科学技术出版社，2010.

[45] 陈泉宾，王秀萍，邬龄盛，等. 干燥技术对茶叶品质影响研究进展[J]. 茶叶科
学技术，2014(3)：1—5.

[46] 张翠香. 乌龙茶加工过程香气成分变化及形成机理的研究进展[J]. 福建茶叶
2006(1)：7—8.

[47] 江山，宁井铭，方世辉，等. 焙火温度对条形乌龙茶品质的影响[J]. 安徽农业
大学学报，2012，39(2)：221—224.

[48] 徐茂兴. 武夷岩茶炭焙不同方式方法对比[J]. 农民致富之友，2015(14).

[49] 王登良，等. 传统焙火工序对岭头单丛乌龙茶品质影响的研究[J]. 茶叶科学
2004，24(3)：197—200.

[50] 张燕忠，张凌云，王登良．烘焙技术在乌龙茶精制中的应用研究现状与探讨[J]．茶叶，2008，34(2)：75—77.

[51] 林春满．对凤凰单丛茶树几个高香型品系的生物学特征调查[J]．广东茶业，2004(1)：18—20.

[52] 杨伟丽，唐颢，龚雨顺．乌龙茶品种风味与工艺技术及其化学因子的关系[J]．食品科学，2004，25(4)：65—68.

[53] 董迹芬等．茶叶香气与产地土壤条件的关系[J]．浙江大学学报(农业与生命科学版)，2013，39(3)：309—317.

[54] 张凌云，张燕忠，叶汉钟．采摘时期对重发酵单丛茶香气及理化品质影响研究[J]．茶叶科学，2007，27(3)：236—242.

[55] 叶汉钟，黄柏梓．凤凰单丛．上海：上海文化出版社，2009.

[56] 郭雅玲．武夷岩茶品质的感官审评[J]．福建茶叶，2011，33(1)：45—47.

[57] 陈香白，陈再粦．工夫茶与潮州朱泥壶．汕头：汕头大学出版社，2004.

[58] 林今团．建阳白茶初考[J]．福建茶叶，1990(3)：40—42.

[59] 黎朝华．建阳白茶的品质特征与加工工艺[J]．福建农业，2012(8)：8—8.

[60] 吴鸿飞．白茶品质的影响因素[J]．中国茶叶，2010，32(9)：12—14.

[61] 崔宏春，余继忠，周铁峰，等．白茶主要生化成分比较及药理功效研究进展[J]．食品工业科技，2011(4)：405—408.

[62] 周琼琼等．不同年份白茶的主要生化成分分析[J]．食品工业科技，2014，35(9)：351—354.

[63] 叶乃兴等．白茶品种茸毛的生化特性[J]．福建农林大学学报(自然科学版)，39(4)：356—360.

[64] 杨亚军，梁月荣．中国无性系茶树品种志[M]．上海：上海科学技术出版社，2014.

[65] 郑红发等．高档黄茶适制品种筛选研究[J]．茶叶通讯，2011，38(4)：26—28.

[66] 申东等．海马宫茶现代制茶工艺及品种适制性研究[J]．茶叶通讯，2001(4)：14—16.

[67] 彭邦发．霍山黄芽采摘加工技术[J]．安徽农学通报，2012，18(15)：155—157.

[68] 李瑾等．黄茶品质影响因素及香气研究进展[J]．茶叶通讯，2015，42(2)：3—6.

[69] 周继荣等．黄茶加工过程品质变化的研究[J]．湖北农业科学，2004(11)：93—95.

[70] 龚永新，等. 闷堆对黄茶滋味影响的研究[J]. 茶叶科学，2000，20 (2)：110—113.

[71] 何华锋，朱宏凯，董春旺，等. 黑茶香气化学研究进展[J]. 茶叶科学，2015(2)：121—129.

[72] 赵雪丰，彭传燚，谷勋刚，等. 普洱茶渥堆过程中茶多糖及果胶变化研究[J]. 安徽农业大学学报，2012，39(4)：580—584.

[73] 李适，龚雪，刘仲华，等. 冠突散囊菌对茶叶品质成分的影响研究[J]. 菌物学报，2014，33(3)：713—718.

[74] 刘武嫦，仇云龙，黄建安，等. 冠突散囊菌对发花黑毛茶品质呈味成分的影响[J]. 食品安全质量检测学报，2015(5)：1554—1560.

[75] 周红杰 龚加顺. 普洱茶与微生物. 昆明：云南科技出版社，2010.

[76] 吕世懂，孟庆雄，徐咏全，等. 普洱茶香气分析方法及香气活性物质研究进展[J]. 食品科学，2014，35(11)：292—298.

[77] 李思佳，李亚莉，史佳. 普洱茶发酵中微生物及酶系研究进展[C]. 11中国科协年会第20分会场：科技创新与茶产业发展论坛. 2013.

[78] 罗龙新，等. 云南普洱茶渥堆过程中生化成分的变化及其与品质形成的关系[J]. 茶叶科学，1998(1)：53—60.

[79] 鲁成银. 茶叶审评与检验技术. 北京：中央广播电视大学出版社，2009.

[80] 王迎新. 吃茶一水间. 济南：山东画报出版社，2013.

[81] 冈仓天心. 茶之书. 谷意，译. 济南：山东画报出版社，2010.

[82] 周红杰. 云南普洱茶. 昆明：云南科技出版社，2004.

[83] 陈彬藩 余悦. 中国茶文化经典[M]. 北京：光明日报出版社，1999.

[84] 周红杰. 云南普洱茶[M]. 昆明：云南科技出版社，2004.

[85] 杨凯. 号级古董茶事典[M]. 台北：五行图书出版社，2012.

[86] 王平盛，虞富莲. 中国野生大茶树的地理分布、多样性及其利用价值[J]. 茶叶科学，2002，22(2)：105—108.

[87] 林世兴. 云南山头茶[M]. 昆明：云南科技出版社，2013.

[88] 梁名志，等. 老树茶与台地茶品质比较研究[J]. 云南农业大学学报，2006，2（14）：493—497.

[89] 鲍晓华. 普洱茶贮藏年限的品质变化及种类差异研究[D]. 武汉：华中农业大学，2010.

[90] 梁名志. 走进古茶王国——西双版纳卷[M]. 昆明：云南科技出版社，2016

[91] 罗现均. 不同年份普洱茶品质差异性比较研究[D]. 广州：华南农业大学，2012.

[92] 张文彦等. 普洱生茶在贮藏过程中香气成分的变化[J]. 食品科学，2010，31（12）：153—155.

[93] 汪杨. 普洱茶在贮藏过程中化学成分及感官品质变化的研究[D]. 雅安：四川农业大学，2015.

[94] 张岱. 陶庵梦忆[M]. 上海：上海古籍出版社，2001.

后　记

《茗鉴清谈——茶叶审评与品鉴》一书终于在经历了大半年的煎熬后完成了。

起初，这本书的写作目的是形成一本针对专业学生的辅助教材。全书的框架自然按照茶叶感官审评的教学进程来设计，包括了不同茶类的工艺原理、品种、环境等影响，也附带了针对这些茶类的审评实验。写作过程中逐渐意识到：既然是写书，为什么不面向更多的茶叶爱好者呢？于是，在每个茶类的内容设计上又增添了茶叶的冲泡设计方案以及这些年访山寻茶的随笔文章，不觉间已经洋洋洒洒二十余万字。

如今回顾成书的初心，我想应该这样描述：我希望这是一本能够做到理性与感性平衡协调的书，成为循序渐进的习茶之路上适时给予茶友们帮助的书。既然是要理性与感性平衡，最难的地方莫过于如何把握尺度。个别茶叶技术问题的解释是否有必要深入下去，学术的探索和总结如何与习茶的审美观照之间融洽地衔接，这些困难每每成为我写作时纠结的焦点。

而今全书成文，再次思考这些问题时，我也仍然不敢说完美地解决了上述问题，但总算把个人认为的学习茶叶审评的体系框架搭建了起来。至于哪些部分适用于专业学生，哪些部分适合于爱好者，只能寄希望于读者们如待沧浪之水，濯缨濯足，各取所需吧！

若谈及本书之宗旨，我想贯穿整个写作过程的是我的"同理之心"。对于许多学生或者爱好者而言，我勉强算是一个研习茶叶的先行者。在十余年的学习过程中，遭遇过不少的疑难困惑，也曾在几次瓶颈阶段停滞不前。写作时，常会问自己：早年我当时是如何看待的？那些问题又是经历怎样的过程解决的？在今天，虽然我们学习时可供选择的资料浩如烟海，但学习时如何取舍，如何循序渐进地设计学习步骤却仍然困扰着很多人。本着"同理之心"，我在对品种、工艺、环境、实验等内容逐一撰写之后，把自己对茶的点滴领悟体现在了冲泡方案设计和闲时茶话的部分。《文心雕龙·隐秀》曾论及："文之英蕤，有秀有隐。隐也者，文外之重旨者也；秀也者，篇中之独拔者也。隐以复意为工，秀以卓绝为巧。"本书自然谈不

上"英藐"，但是对于文章之宗旨倒是隐秀参半，不尽之意常见于言外。

有人说做学问的过程需要不断输入和输出。于我而言，茶叶专业知识的平时积累是输入，寻山访茶是输入，阅读文献和书籍也是输入；教授茶叶审评的课程是专业技能的输出，定期为茶文化的杂志撰稿是另一种意义上的输出。近两年来，蒙台湾知名的TEA杂志不弃，连续为其撰稿。固定时间的交稿要求在某种程度上敦促我对习茶的过程进行反思和总结，也就有了书中闲时茶话的多篇小文。

为了更准确地说明问题，在本书中使用了一定数量的图片，这些图片有的来自笔者早年的积累，有些则得自于周围具有较高艺术修养的朋友。正如评茶需要借助视觉、嗅觉、味觉、触觉各种感官综合判断一样，作者完整意图的表达仅仅依靠文字是不够的，那些茶的香气、滋味、品茗时独特的心理感受除诉诸笔端之外，还要借助美好的图画才能得以更好地呈现。这种审美感知的"通感"现象在评茶的领域屡见不鲜。本书中关于冲泡方案的设计图片就专程委托了友人杨建华先生和罗涛女士共同拍摄，在此深表谢意！而为了表现茶山、茶园、茶厂、制茶等场景，许多好友也纷纷提供美图，毫不悭吝！在此，向提供图片的管雅、纳纱、柳欢、慕诗客等友人一并表示感谢！

全书完成时，掩卷而思，赫然发现自己对于茶的理解与撰文之初又有了不同，书中难免疏忽鄙陋之处。好在世界很大，不必一次看完，今生可写的文章很多，精彩的还在后面！

张琳洁

2017年2月于杭州隐青斋